생활 數學의 여행

강주호 · 조영수 저

대구대학교출판부

서문

PREFACE

계산기와 컴퓨터의 출현은 우리생활을 편리하게 하였고, 복잡하고 어려운 문제들이 빠르고 쉽게 해결되어지는 고속화, 정보화 시대를 열어 주었다. 이러한 변화는 학생들의 학습내용과 학습방법에도 많은 변화를 가져오게 하였다. 원인이나 과정을 모르더라도 결과만을 이용하여 생활의 윤택함을 누릴 수 있다고 생각하게 되었다. 그러나 생활 속에서 야기되는 많은 문제들은 과학적이며 논리적인 사고로서 해결되어질 수 있고 그러한 능력은 수학의 기초개념을 학습하므로 길러지게 된다.

이 책은 실생활 속에서 보이지 않게 사용되어지고 있는 수학을 찾아 가까이 있는 수학을 느끼게 하고, 각 분야에서 작용하고 있는 수학의 역할을 찾으며, 인류문화에 역량을 발휘한 수학을 짚어봄으로 학생들로 하여금 수학의 필요성을 느낄 수 있게 함을 목적으로 한다. 아울러 수학이 재미있고 해볼만 한 학문으로 생각되어지기를 바란다.

처음부터 끝까지 정리하고 인쇄할 수 있도록 애써준 김기숙선생께 고마운 마음을 전하며, 출판할 수 있게 도와주신 여러분께 감사드립니다.

2006. 1

지자 씀

차례

CONTENTS

3. 수와 생활 ·· 26

4. 음수와 양수 ·· 34

5. 문제 해결의 방법 ·· 41

6. 수학과 예술 ·· 55

12. 공평한 분배 ·· 135

13. 경제와 수학 ·· 195

14. 위대한 수학자들 ·· 208

15. 보이지 않는 수학 ·· 226

1

수의 종류와 의미

수학은 수의 표현과 기호화에서 시작되었다. 기원전 3400년경 훨씬 이전에 사용된 것으로 보이는 이집트의 상형문자는 주로 이집트인들이 돌위에 명각을 새길 때 이용되었다. 바빌로니아인들은 바늘을 가지고 젖은 점토판위에 명각을 새긴 쐐기문자를 화덕속에서 구워 쐐기문자판을 만들었다. 기원전 2000년부터 기원전 200년까지의 쐐기문자판에는 뺄셈기호가 표기되기도 하였다. 우리에게 익숙한 로마숫자는 손가락으로부터 유래된 Ⅰ,Ⅱ,Ⅲ과 교차된 손이나 엄지손가락에 의해 연상된 X, V가 쓰여졌다. 현재 우리가 사용하고 있는 아라비아 숫자 1, 2, 3, … 은 원래 인도에서 시작되어 아라비아 상인들이 유럽으로 전한 것으로 인도-아라비아수라고 하는 것이 맞다. 숫자가 보존된 최초의 기록은 기원전 250년경 인도의 아소카왕 시대에 세워진 돌기둥에서 발견되었다.

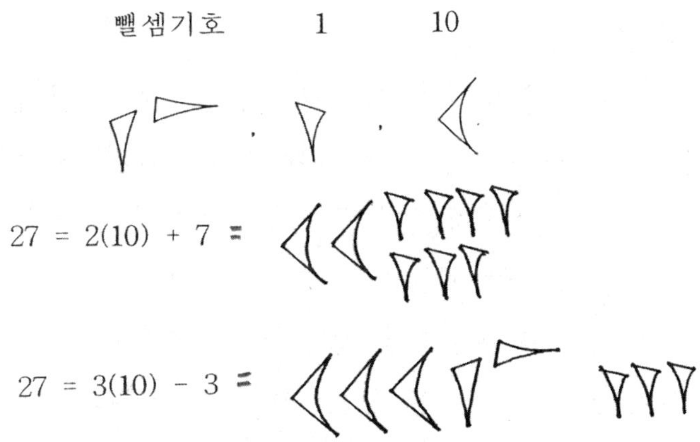

그림 1-1 바빌로니아 쐐기문자

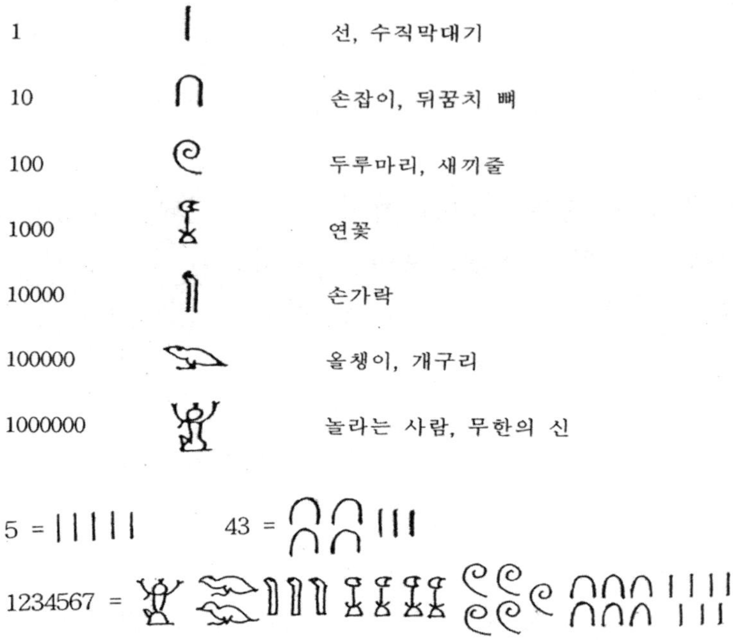

그림 1-2 이집트 상형문자

사람이 세상에 태어나서 자연스럽게 만나게 되는 수가 자연수이다. 눈에 보이는 대상을 구분하여 하나, 둘, 셋, … 으로 불리어지는 수이다. 이 수들은 유한개의 대상을 헤아리는 도구로서 쓰여진 추상적인 개념이다. 자연수의 사용은 헤아림에서 시작되었으나 사람의 인지가 발달하므로 연산을 하게 되어 셈의 시작은 원시시대부터로 본다. 각 부족은 자신의 구성원이 얼마나 되는지, 또 그들의 양떼가 줄지는 않았는지 알 필요가 있었다. 초기의 셈은 아마 일대일 대응 원리를 이용하였을 것으로 추측된다. 예를 들어 양을 헤아릴 때 손가락을 접는다든지, 조약돌을 모은다든지, 흙이나 돌 위에 자국을 내든지, 나무 조각에 눈금을 새긴다든지, 끈에다 매듭을 묶는다든지 해서 셈을 하였을 것으로 추정한다.

두 자연수를 더하거나 곱하여도 자연수가 되지만 자연수끼리의 뺄셈은 항상 자연수가 되지는 않는다. 그래서 뺄셈이 적용되어 지는 수의 영역을 확장하여 **정수**를 도입하고 양수와 음수를 정의한다. 정수의 0은 기원전 2세기경 인도의 철학자들에 의해 처음으로 논의되었던 것으로, 산스크리트어로 수냐(sunya)라고 하는데 대승불교에서 공(空)을 뜻하며 '공허한' 혹은 '텅 빈' 이란 의미를 갖는다. 인도이전의 마야문명에서도 0을 나타내는 시도를 했지만 인도는 0을 처음으로 수로 인정하였다. 0은 아라비아숫자의 위치적 십진기수법 표현을 가능하게 하였다.

땅을 분배하거나, 한 개의 물건을 여러 사람에게 똑같이 분배하는 문제, 혹은 2개의 사과를 세 사람에게 균등하게 나누는 문제들은 자연수나 정수의 개념으로는 해결 할 수가 없다. 분배의 개념을 나타낼 수 있는 수가 **유리수**이다.

일상생활 속에서 사용하는 수가 유리수로 구성된다고 생각했던 고대 학자들 중에서 유리수가 아닌 어떤 수가 있음을 감지한 수학자들도 그 수의 존재성과 성질을 이론적으로 설명할 수 없었기에 그 존재성조차 거론하기를 꺼려했던 사실을 수학사에서 찾아볼 수 있다. 그러나 수학자들의 연구는 유리수가 아닌 수가 있음을 증명하고, 그 수를 무리수라 하며 유리수와 무리수를 합한 수들을 **실수**라 부르고 실수들에 관한 연구를 하여 수학의 발전에 크게 기여하였다.

실수들을 양수와 음수로 구별하면 실수의 제곱은 항상 양수가 된다. 그러나 두 수의 제곱이 음수가 되어지는 수들을 생각하여 그 조건을 만족시키는 수가 **복소수**이다. 이러한 수의 성질들은 수학이론으로 수학의 한 분야에서 깊이 연구되어지고 있지만 여기서는 간단히 그 성질들만 짚어 보고자 한다.

1. 자연수(Natural Numbers)

자연수는 1을 기본으로 가지고, 두 자연수의 합과 곱이 자연수이며, 자연수에 1을 더하면 역시 자연수가 되어 지는 성질을 가지는데, 이러한 성질을 가지는 실수들의 집합 중에서는 가장 작은 집합으로 정의되어 진다. 자연수의 집합은 주로 ℕ으로 나타낸다. 자연수는 모든 사물을 헤아리는 근원이 되는 수이며 다음 성질들을 가진다.

1) 모든 자연수는 1 보다 크거나 같다.

2) 두 자연수의 합은 자연수이다.

3) 자연수 n과 $n+1$사이에는 어떤 자연수도 존재하지 않는다.

4) 공집합이 아닌 자연수들의 어떤 부분집합도 최소수를 가진다.

5) 자연수 전체의 집합은 위로 한계가 없다.

자연수에 관한 연구는 피타고라스 학파가 수론의 발전에 첫걸음을 내딛은 후 이천년 이상 진행되었다. 짝수는 여성, 홀수는 남성이라 불리어졌고, 최초의 남성수와 여성수의 합인 5는 결혼의 상징으로 보았다. 피타고라스학파의 업적으로 돌려진 친화수(amicable number)의 발견은 2000년간 연구되어 현재 10억보다 작은 모든 친화수쌍이 발견되었다. 두 수가 친화적(amicable)이란 뜻은 그들이 서로의 진약수(proper divisors)의 합이 된다는 것이다. 220의 진약수는 1, 2, 4, 5, 10, 11, 20, 22, 44, 55, 110으로 이들의 합은 284이고, 284의 진약수는 1, 2, 4, 71, 142로 이들의 합은 220이다. 그래서 220과 284는 친화수쌍이다. 1636년에 페르마는 17296과 18416이 친화수쌍임을 발견하였고, 데카르트가 2년뒤에 세 번

쌔쌍을 발견하였다. 또한 수로 점을치는 점술에서 사용되는 완전수(perfect number), 부족수(deficient number), 과잉수(abundant number) 등의 발견도 피타고라스학파의 업적으로 본다. 이 수들은 각각 진약수의 합과 같으냐, 작으냐, 크냐에 따라 구분하여 부른다. 6=1+2+3이고 하나님이 세상을 6일 동안에 창조하였다고하여 6은 완전수라 한다. 한편 전인류가 노아의 방주속에서 여덟명의 영혼으로부터 이어져왔는데 8이 부족수이므로 두 번째 창조는 불완전하다는 이야기를 한다. 그 외에도 형상수(figulate number)로 삼각수(triangular number), 사각수(square number), 오각수(pentagon number)와 같은 기하학적 이름을 가진 수들이 있다. 다음 그림은 형상수에 관한 내용을 표현한다.

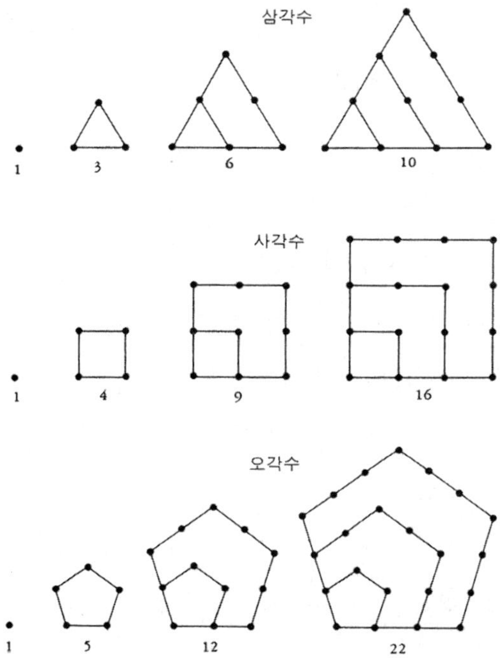

그림 1-3 형상수

2. 정수(Integers)

정수는 자연수와 0, 그리고 모든 자연수의 더하기역수(음수)를 모은 집합이며 주로 $\mathbb{Z}$로 표시한다. 이것은 독일어의 Zahl에서 그 첫 자를 따온 것이다.

즉, $\mathbb{Z}=\mathbb{N}\cup\{0\}\cup(-\mathbb{N})$이고 여기서 $-\mathbb{N}=\{-n \mid n\in\mathbb{N}\}$이다.

정수들의 집합은 다음 성질을 만족한다.

1) 두 정수의 합은 정수이다.

2) 어떤 정수에도 0을 더하면 자기 자신이 된다.

3) 정수 n에 더하기 역수 $-n$을 더하면 0이 된다.

두 정수 n과 m에 대해서 $n-m$은 $n+(-m)$으로 정의된다. 이것이 두 정수의 뺄셈이 되고 역시 정수가 된다.

3. 유리수(Rational Numbers)

유리수는 0아닌 분모와 분자를 정수로 가지는 모든 분수로 정의하며 순환소수로 나타내어진다. 유리수는 수평선위에 나타낼 수 있다. 우선 수평선위에 0을 취하고 그 오른쪽에 한 점을 취하여 1이라 한다. 0에서 1까지의 길이를 한 단위로 주면 양의 정수와 음의 정수 모두를 이 직선위에 나타낼 수 있다. 분모가 q인 분수는 단위구간을 q등분하고 그 분점에 의해 표현된다. 그러면 각 유리수는 이 직선상의 한 점이 된다. 고대 수학에서는 직선상의 모든 점이 유리수로 덮여진다고 생각하였다. 그러나 피타고라스학파는 단위변을 갖는 정사각형의 대각선의 거리를 갖는 점 P에 대응하는 유리수가 없음을 보였다(그림 1-4). 그러한 점에 대응하는 수를 **무리수**(irrational number)라 부르게 되었다.

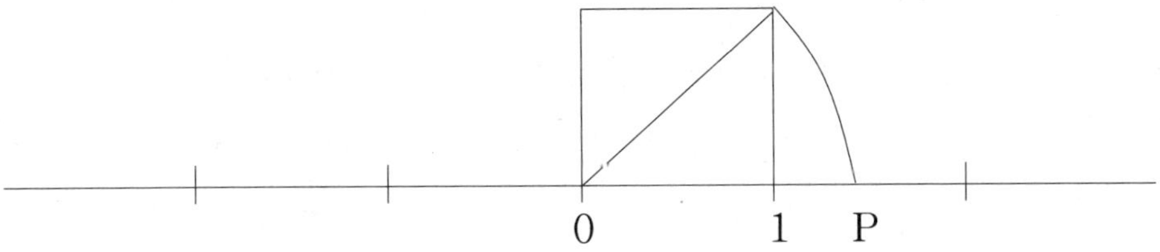

그림 1-4

이것은 모든 것이 정수에 따르고 지관적으로 모든 크기가 유리수에 의해 표현될 수 있다고 믿었던 피타고라스 학파의 철학에 치명타를 가한 것이었다. 그들은 얼마동안 이 문제를 비밀로 감추려 하였고 이 비밀을 외부에 누설했다는 이유로 히파수스(Hippasus)는 바다속에 던져졌다는 이야기도 있으며, 또 다른 이야기로는 피타고라스학파에서 추방되었으나 죽은후에는 그의 묘비가 세워졌다고 전해진다.

유리수의 성질은 실수의 성질을 소개할 때 함께 이야기 하고자 한다. 다만 유리수만으로는 실수의 성질을 충족시킬 수 없는 성질 한 가지만 증명없이 소개한다.

제곱해서 2 되는 유리수는 존재하지 않는다.

4. 실수(Real Numbers)

실수가 무엇인가를 정의하는 것은 쉽지 않다 이것은 분필이 무엇이냐 하고 물어 왔을 때 분필이 무엇이라고 하기보다는 분필의

용도나 성질을 이야기하기가 쉬워지듯이 실수를 규명하기보다는 실수의 성질들을 소개하기가 쉽다는 것이다. 실수를 정의하고 그 존재성을 보여주기 위하여 여러 수학자들이 서로 다른 방법으로 연구한바 있다. 그 대표적인 학자가 독일의 데데킨드와 칸토어이고 그들은 독자적인 방법으로 실수의 존재성을 규명하였다. 실수가 가지는 성질들을 열거하고 그 성질들을 만족하는 집합은 오직 한 개 존재한다는 것으로 전개된다. 여기서 그 이론적인 소개는 피하고 단지 실수가 가지는 성질들만 열거하고자 한다.

실수들의 집합을 $\mathbb{R}$이라 적겠다. 실수들의 집합 $\mathbb{R}$은 더하기 연산에 대해서 아베리안군(Abelian group)이 된다. 여기서 아베리안군이라 함은 다음 다섯 가지 성질을 만족하는 집합을 의미한다.

1) 두 실수는 더하여도 실수이다.

두 실수 x, y에 대하여 $x+y$도 실수이다.

2) (결합법칙) 세 개의 실수를 더하는 순서에는 관계가 없다.

세 개의 실수 x, y, z에 대하여 $(x+y)+z=x+(y+z)$.

3) (교환법칙) 두 실수의 더하기는 순서를 교환 하여도 값은 같다.

두 실수 x, y에 대하여 $x+y=y+x$.

4) 어떤 실수에 더해도 합이 변하지 않는 실수가 존재한다. 그것을 우리는 영이라 하고, 0으로 적는다.

모든 실수 x에 대하여 $x+0=0+x=x$.

5) 모든 실수는 그 자신에 더해서 0이 되는 수를 가진다. 그 수를 덧셈에 관한 역수라 한다.

임의의 실수 x에 대하여 $x+y=y+x=0$을 만족하는 실수 y가 있다. 이때 y를 $-x$라 쓰고 x의 덧셈에 관한 역수라 한다.

곱하기에 관하여서도 위와 같은 다섯 가지 성질을 만족하며, 실수들의 집합 ℝ은 곱하기에 관하여도 가환군(Commutative group)이 된다.

6) 두 개의 실수를 곱하여도 실수이다.

두 실수 x, y에 대하여 xy도 실수이다.

7) (결합법칙) 세 개의 실수를 곱하는 순서에는 관계가 없다.

세 실수 x, y, z에 대하여 $x(yz)=(xy)z$.

8) (교환법칙) 두 실수의 곱하기에서 순서를 교환하여도 값은 같다.

모든 실수 x, y에 대하여 $xy=yx$.

9) 어떤 0 아닌 실수에 곱해도 그 실수 자기 자신이 되는 실수가 존재한다. 그것을 우리는 항등원(Identity)이라 하고, 1로 적는다.

0 아닌 실수 x에 대하여 $x1=1x=x$.

10) 모든 0 아닌 실수는 그 자신에 곱해서 1이 되는 수를 가진다. 그 수를 곱셈에 관한 역수라 한다.

0 아닌 실수 x에 대하여 $xy=yx=1$이 되는 y가 존재하고, y는 x의 곱셈에 대한 역수라 하며 $y=x^{-1}$로 적는다. 즉, $xx^{-1}=x^{-1}x=1$.

이상의 10가지 성질에 다음 세 가지 성질을 더 만족한다.

11) (분배법칙) 더하기와 곱하기에 대해서 다음이 성립한다.

모든 실수 x, y, z에 대하여,

$$x(y+z)=xy+xz$$

$$(x+y)z = xz + yz$$

12) (순서공리) 실수집합 $\mathbb{R}$에는 다음 성질을 만족하는 부분집합 P 가 존재한다.

• P 에 속하는 두 원소를 더한 것과 곱한 것은 다시 P 에 속한다.

• $\mathbb{R} = P \cup \{0\} \cup (-P)$이며 집합 P, $\{0\}$, 그리고 $-P$ 는 서로소 이다. 즉, 공통부분이 없다는 것이며, 다시 말하면, 임의의 실수 x는 P에 속하거나, 0이 되거나, $-x$가 P에 속하거나 세가지중 꼭 한가지만 만족한다.

위의 두 성질을 만족하는 P 의 원소를 **양수**라 하고 $-P$의 원소를 **음수**라 한다. 두 실수 a, b 에 대해서 $a-b$가 P 에 속하면 a가 b보다 크다고 하고 $a>b$ 혹은 $b<a$라 적는다. 만일 $a>b$이거나 $a=b$이면 $a \geq b$라고 쓴다. 두 번째 성질에서 우리는 두 실수 a, b 는 $a>b$이거나 $a=b$, 혹은 $a<b$ 세 가지 중 한 가지만을 반드시 만족함을 알 수 있다. 또한 이 성질들로부터 음수와 양수에 관련된 여러 가지 성질들을 증명할 수 있다.

모든 유리수들의 집합도 위의 열두 가지 성질을 다 만족한다. 그러나 유리수들로서는 만족하지 않는 한 가지 성질이 추가 된다. 그 성질이 여러 가지 모양으로 나타나고 쓰여 지지만 여기서 **완비성공리**(Completeness Axiom)라 불리는 것을 소개하면 다음과 같다.

13) 비어있지 않은 실수들의 집합 $A(\subset \mathbb{R})$가 위로 한계가 있으면 A는 반드시 최소상계(가장 작은 위로 한계)를 갖는다.

이상 13가지 성질을 만족하는 집합은 반드시 존재하는데 이 집합 ℝ을 **실수계**(Real Number System)라 하고 ℝ의 원소를 **실수**라 한다.

실수계 ℝ이 가지는 성질을 이용하면 유리수의 한 특수한 성질을 증명할 수 있다. 이것을 우리는 **유리수의 조밀성**이라 한다.

유리수의 조밀성(Density of Rational Numbers) : 임의의 두 실수 사이에 반드시 유리수가 존재한다.

또한 자연수의 성질 5)번으로부터 다음의 성질을 얻는다.

알키메디안 공리(Archimedean Axiom) : 임의의 실수에 대해서 그 보다 큰 자연수가 반드시 존재한다.

위에 열거한 실수의 성질들은 실수계에서 일어나는 현상들을 연구하는데 중요한 역할을 함을 수학의 한 분야인 해석학 연구에서 볼 수 있다.

5. 복소수(Complex Numbers)

한 실수의 제곱은 양수이다. 그러나 제곱해서 -1이 되는 수를 i라 하고 두 실수 a와 b에 대하여 $a+ib$를 **복소수**로 정의함으로 실수를 확장한다. 이때 i는 복소수를 나타내는 허수단위이다. 복소수들의 집합은 ℂ라 적으며 ℂ는 다음과 같이 표현할 수 있다.

$$\mathbb{C} = \{a+ib \mid a, b\text{는 실수}\}$$

복소수 사이의 계산은 $i^2=-1$이라는 규칙을 적용시켜 실수처럼 계산한다. 복소수들 사이에 주어진 연산은 다음과 같다.

$$(a+ib)+(c+id) = (a+c)+i(b+d)$$

$$(a+ib)-(c+id) = (a-c)+i(b-d)$$

$$(a+ib)\cdot(c+id) = (ac-bd)+i(ad+bc)$$

$$\frac{(a+ib)}{(c+id)} = \frac{(a+ib)(c-id)}{(c+id)(c-id)} = \frac{(ac+bd)+i(bc-ad)}{c^2+d^2} \quad (c+id\neq 0)$$

위의 연산을 복소수에 도입하면 0을 제외한 모든 복소수들은 곱셈의 역수가 존재하고 실수에서 만족한 1)번에서 11)번까지의 모든 성질을 만족하여 **체**(field)가 된다. 그러나 복소수들 사이에는 크기관계가 없다.

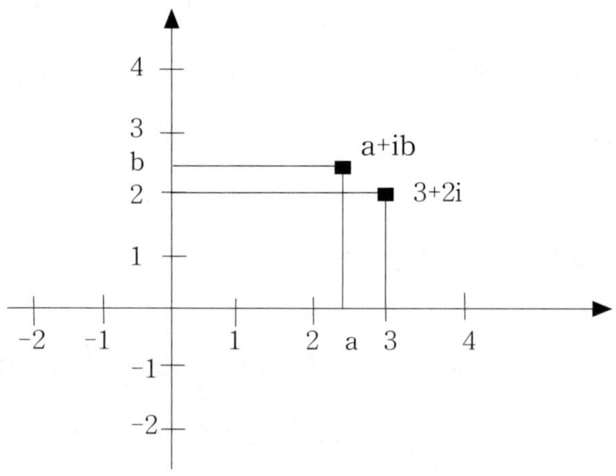

그림 1-5

실수는 수직선상에 있는 모든 점과 일대일 대응이 되지만 복소수는 평면상에 있는 모든 점과 일대일 대응이 된다. 복소수를 평면위의 점으로 대응하면 다양한 그래프를 복소수의 방정식으로 표현할 수 있다.

6. 사원수(Quaterion)

실수와 복소수가 만족하는 성질 1)번에서 11)번까지의 조건을 더 이상 확장할 수는 없다. 그러나 8)번의 교환법칙을 제외한다면 수의 확장이 가능하다.

19세기 초까지만 해도 곱셈의 교환법칙이 성립하지 않는 수는 상상할 수 조차 없었다. 아일랜드의 해밀턴(Hamilton)은 실수의 순서쌍으로 복소수를 표현하듯이 실수의 4중순서수 (a, b, c, d)에 관하여 고찰하였다.

$$(a, b, c, d)=(e, f, g, h) \Leftrightarrow a=e, b=f, c=g, d=h$$

$$(a, b, c, d)+(e, f, g, h)=(a+e, b+f, c+g, d+h)$$

$$(a, b, c, d)\cdot(e, f, g, h)=(ae-bf-cg-dh, af+be+ch-dg, ag+ce+df-bh, ah+bg+de-cf)$$

$$k(a, b, c, d)=(ka, kb, kc, kd)$$

위의 연산에서 사원수는 $a=(a, 0, 0, 0)$, $(a, b)=(a, b, 0, 0)$로 두면 실수와 복소수를 흡수하고, 덧셈에 대하여 교환법칙과 결합법칙을 만족하고 곱셈에 대하여는 결합법칙과 분배법칙을 만족하지만 교환법칙을 만족하지 않는다.

$(0, 1, 0, 0)(0, 0, 1, 0) = (0, 0, 0, 1)$

$(0, 1, 0, 0)(0, 1, 0, 0) = (0, 0, 0, -1) = -(0, 0, 0, 1)$

모든 수는 교환법칙이 만족하는 것을 당연한 사실로 여겼던 그 시대에, 15년을 숙고했으나 결실을 얻지못하고 있던 어느날 황혼에 더블린 근처의 로열운하를 따라 산책하던 해밀턴은 곱셈의 교환법칙을 배제하는 비가환대수를 처음으로 생각하게 되었다. 그 당시의 정설을 뒤엎은 생각에 충격을 받아 주머니에서 칼을 꺼내 브로엄다리의 기둥에 곱셈표의 원리를 새겼다 한다.

$1 = (1, 0, 0, 0)$, $i = (0, 1, 0, 0)$, $j = (0, 0, 1, 0)$, $k = (0, 0, 0, 1)$를 단위사원수(quaternionic units)라 두면 사원수는

$$(a, b, c, d) = a + bi + cj + dk$$

로 쓸 수 있고 곱셈에 관하여 다음과 같은 표가 주어진다.

×	1	i	j	k
1	1	i	j	k
i	i	-1	k	-j
j	j	-k	-1	i
k	k	j	-i	-1

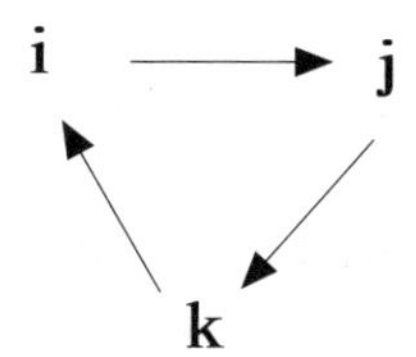

그 후 1844년에 그라스만(Hermann G. Grassmann)은 실수의 n중 순서수 $(x_1, x_2, \cdots, x_n)$을 고안하였고, 1857년 영국의 수학자 케일리(Arthur Cayley)는 교환법칙이 성립하지않는 행렬대수를 고안하였다.

7. 자연수의 의미

앞에서 우리는 수에 대한 정의를 해석학의 의미에서 살펴보았다. 그러나 우리 일상생활 속에서 가장 많이 쓰여 지는 수는 역시 헤아림에 쓰이는 자연수이다. 자연수의 기본이 되어지는 수 1, 2, 3, …, 10들이 생활 속에서 어떤 의미를 가지고 있는지 생각해 본다.

• 1은 모든 수의 시작을 의미하고 모든 것의 우두머리를 나타내며 최초의 의미를 가진다. 또한 행복의 수, 축복의 수라고도 한다.

• 2는 화합과 조화를 나타내며 지혜의 수라고도 한다. 이분법적 관계로서 음양, 천지, 남녀, 부모, 선악, 흑백 등의 용어들이 있다. 2는 대립 또는 반대의 의미도 있어서 싸움을 뜻하기도 한다.

• 3은 안정과 조화의 수로서 우리나라에서 가장 좋아하는 수이기도 하다. 모든 것의 근본을 말하기도 하며 천지인(天,地,人), 삼원색, 삼위일체 등에 나타난다.

• 4는 우리나라에서는 죽음의 의미가 있는 한자 死와 동음이라 기피하는 수이다. 그러나 4는 완성, 완전, 인내를 나타내는 수로서, 춘하추동, 동서남북, 사상의학(태양, 태음, 소양, 소음), 사천왕(지국천, 광목천, 중장천, 다문천) 등은 완성을 의미한다.

• 5는 사람의 손가락의 수와 같으며 모든 것, 많은 것, 전부를 나타낸다. 동양에서 5행(火, 水, 木, 金, 土), 5륜(父子有親, 君臣有義, 夫婦有別, 長幼有序, 朋友有信)등은 모든 것을 나타낸다. 서양에서는 올림픽 5륜 마크, 5성 장군 등 모든 것, 높은 것을 의미한다.

참조, 수학은 생활이다. 박형빈 저.

• 6은 인간이 손쓰기 이전의 수라고 하며 우주만물을 만드는데 6일이 걸렸다고도 하여 종교적인 의미를 부여하기도 한다. 또 6=1+2+3(자신을 제외한 약수의 합)으로 완전수이다. 6 각정, 정육각기둥, 6 각수 등의 미적인 의미를 갖는 점에서 문화의 수라고 한다.

• 7은 충의(忠義), 명예, 승리, 개선, 행운의 수로 본다. 일주일은 7일, 럭키세븐, 777(three seven), 77세(喜壽), 7월7석, 삼칠일(21일), 칠칠일(49일), 칠칠재(49재), 북두칠성, 무지개 일곱 색깔 등이 우리 생활에서 쓰여 지고 있다.

• 8의 의미는 서양에서는 전쟁, 파괴를 나타내는 흉(凶)수로 보지만 동양에서는 8괘(卦), 8등신 미인, 팔자(八字), 팔방미인 등에서 다른 의미로 쓰이고 있다.

• 9는 10진법에서 가장 큰 수로 마지막을 나타내기도 한다. 구만리장천(九萬里長天, 아득히 높고 먼 하늘)과 같이 멀고 긴 뜻도 있다. 그러나 29세, 39세, 49세, 59세 등의 아홉수를 싫어하는 뜻이 담겨 있기도 하다.

• 10은 동서양을 통하여 완성, 만족 같은 것을 의미하여 10간(十干), 10계(十戒), 십계명(十誡命), 십장생(十長生; 해, 산, 물, 돌, 구름, 솔, 불로초, 거북, 학, 사슴)등과 같은 곳에 흔히 사용되어진다.

• 13은 서양 사람들이 가장 싫어하는 수로서 13공포(13 phobia)의 수로 알려져 있다. 맨하탄의 한 아파트는 18층이나, 승강기 조절판의 맨 위층은 19층으로 표시되어 있다 이것은 13층이 없기 때문이다. 1884년 뉴욕의 한 모임은 13의 미신을 없애려는 목적으로 13-클럽을 조직하였다. 그들은 매월 13일에 13개의 식탁에서 매월

13센트씩 회비를 모으며 식사를 하였다. 그럼에도 불구하고 그들은 더욱 건강하고 부유해 졌다는 보도가 있다. 수학적으로는 $13=2^2+3^2$으로 13은 제곱수이다.

2

수의 성질과 역할

수 자체가 감정을 가질 수는 없지만 수에서 느껴지는 느낌 혹은 수로 인해 사람이 느끼는 감정을 생각해 볼 수 있다. Sherman K. Stein은 이러한 개념을 가지고 수를 차가운 수(cool number)와 뜨거운 수(hot number)로 구분을 하였다. '차가운 수'는 말 그대로 냉정하고 침착해서 논란의 여지가 전혀 없는 수를 의미하고, '뜨거운 수'는 사람의 마음을 달아오르게 하고 감정을 일으켜 중요한 결정을 하는데 큰 역할을 하는 수를 뜻한다.

1. 차가운 수(cool number)

앞장에서 수에 관한 의미를 살펴보며 우리나라 사람들에게 4라는 수가 주는 느낌과 서양 사람들에게 13이라는 수가 주는 감정이 같은 것을 생각해 보았다. 이들은 우리에게 좋은 감정을 주지 못한다. 오히려 냉정하고 단순한 느낌을 줄뿐이다. 또한 빛의 속도가 매 초당 299,729 ㎞라는 말을 들으면 대부분의 사람은 그 사실을 그대로 믿으며 빛의 속도를 그렇게 정확히 잴 수 있었다는 사실에 감명을 받는다. 이러한 수들이 차가운수들이다. 이런 차가운수들이 우리의 생활 속에서 미치는 영향들을 쉽게 알 수 있다. 4나 13과 같이 무의식중에 피하고 싶은 생각을 주기도 하지만 차가운수가

참조, 생활속의 수학, 셔먼 스타인 저, 황우영 조향감 역.

우리 속에서 발휘하는 힘을 찾아 볼 수가 있다.

반세기전에는 비행기가 음속을 돌파하는 것이 어려웠던 것처럼 1마일 달리기에서 숫자 4는 뛰어 넘을 수 없는 높은 담장과 같았다. 건더 해그(Gunder Hagg)는 1945년에 1마일을 4분 1.4초에 달려서 세계기록을 세웠다. 그 후 9년간 그 기록을 아무도 깨지 못했다. 스포츠계의 관심은 누가 4분 만에 1마일을 달리느냐 하는 것이었다. 1954년에 로저 베니스터(Roger Bannister)가 1마일을 3분 59.4초에 달리자 온 세계가 떠들썩했다. 그는 7주 뒤에 다시 기록을 갱신하여 25년간 그 명성을 유지 하였다. 만일 이 기록을 초단위로 생각해 본다면 해그의 기록은 241.4초이고 베니스터의 기록은 239.4초이다. 4분이라는 시간대신에 240초라는 숫자를 썼다면 베니스터의 기록이 그렇게 큰 명성을 차지 할 수 있었을까? 이런 경우 베니스터는 그냥 다른 선수들과 같이 그 기록을 보유했던 한 사람으로 기록될 것이다.

1964년에 우리나라 수출액이 처음으로 1억불을 넘었다. 그후 그 날을 기념하기 위하여 12월1일을 수출의날로 제정하였다. 1억불의 수가 우리에게 희망을 제시한 것이다.

2003년에 이승엽 선수의 56번째 홈런이 우리 국민들을 열광시킨 것도 수가 우리에게 주는 감정이다. 이것은 숫자의 힘을 보여주는 한 예가 된다.

0이라는 숫자가 우리에게 주는 마력이 있다. 시계나 계기판의 숫자가 9999.9를 가르키면 우리는 이 숫자가 10000으로 넘어 가는 순간을 놓지고 싶어하지 않는다. 1232.9가 1233으로 바뀌어 지는 것에 대한 느낌과는 다르게 다가온다. 그 역시 0이 우리에게 주는 감정인 것이다. 야구선수 테드 윌리엄스(Ted Williams)의 타율은 0.39955로 반올림하면 0.400이 되지만, 그는 위험을 무릅쓰고 마지막 시합을 치르겠다고 공언하였다. 그는 극적으로 0.406의 타율로 경기를 마침으로서 결국 0.400타율을 넘는 신화적 절정에 이르는 선수가 되었다.

뉴욕타임즈에 보도된 바에 의하면 걸프전의 기간을 정하는 것 조차 차가운수 0의 영향을 받았다는 사실을 보여 준다. “왜 지금 잠시 휴전을 하는 거죠?” 화가 난 월러(Waller)장군이 물었다. “100시간이 되었다고 종이 울렸소” 슈워츠코프(Schwarzkof)장군이 대답 했다. 월러 장군은 입을 다물지 못했다.

2. 뜨거운 수(hot number)

우리나라 경제를 움직이는 요소들 중 세가지(주가, 유가, 환율)는 숫자로서 표현되며 경제 변화에 직, 간접적인 영향력을 가진다. 경제에 대한 지식이 없는 사람들도 이 세가지 숫자의 움직임이 신문이나 텔레비전에서 빠지지 않고 등장하는 것을 쉽게 느낄 것이다. 이 숫자들은 현재의 경제흐름을 나타내 줄 뿐아니라 미래의 경제를 예측할 수 있는 지표로 사용된다. 주식을 갖고 있는 사람들은 전문가가 아닐지라도 최소한 주가지수의 변동에 민감한 반응을 가지게 된다. 주가지수가 떨어지는 경우 마음이 싸늘해지며 긴장하게 되지만, 오르는 경우 흥분감에서 오는 긴장감 역시 사람의 마음을 달구는 요소가 되어진다. 수년전 신문 1면의 머리기사에 “아파트 분양 경쟁률 100대 1”이라는 내용이 실린 것을 기억한다.

이 기사를 읽는 무주택자들이나 아파트에 관심을 갖고 있는 많은 사람들의 마음은 심하게 동요되어질 수 밖에 없다. 한국은행에서 콜금리를 움직일 때도 미리 정보를 흘려 기업이나 개인들이 이에 대비할 수 있게 한다고 한다. 세계경제의 흐름에 맞추어 모든 여건을 따져 결정하지만 갑작스런 변화로인한 혼란을 방지하고자 함이다. 이러한 수가 뜨거운 수이다.

뜨거운 수는 논쟁의 한 가운데서 인용되어지는데 이것은 과학의 객관성과 정확성 그리고 논리적 사고라는 점에서 효과가 커진다. 사람들은 논쟁에서 이기기 위해서 혹은 다른 사람을 설득하기 위해서 수들을 제시할 경우가 있는데 이들이 뜨거운 수이다. 그 예를 몇 가지 들어본다.

1962년에 샌프란시스코의 시민들은 BART(Bay Area Rapid Transit System)로 알려진 지역 고속 운송 시스템을 건설하기 위한 채권에 관하여 투표를 하였다. BART측은 1975년에는 258,496명의 승객이 매일 지하철을 이용할 것이라고 하였고 그 숫자는 승객당 13센트의 이익을 남길 수 있는 수였다. 그러나 1975년에 지하철 승객은 135,000명 이었고 승객 일인당 31센트의 손실이 나게 된 것이다. 여기서 BART가 제시 했던 258,496이란 숫자는 어디서 나온 것인가? 이것은 운송전문가들의 보고서에서 나온 것인데 그 당시에 만일 그들이 "100,000에서 300,000의 승객이 이용할 것입니다" 했다면 과연 그 안이 통과 되었을까? 전문가들이 제시한 258,496은 일반사람이 이해하기엔 너무 복잡한 공식을 사용했다고 했는데 그러한 설명이 사람들에게 정확해 보였고 믿게 만든 것이다. 그 수기 지하철을 건설하였다. 나중에 그 수가 잘못되었다고 한들 지하철을 철거 할 수는 없는 일이 아닌가?

베트남 전쟁이 장시간 지속되었던 이유 중의 하나는 북 베트남이 승리하면 500,000명의 희생자를 내는 대학살이 있을 것이라는 예상 때문 이었다. 그러나 전후에는 대규모의 "재교육"이 실시되었다. 그러면 500,000의 수는 어디에서 나온 숫자인가? 그 당시 베트콩은 어떤 작은 마을에서 다섯 명의 지도자를 처형하였고 남베트남의 인구는 이 마을 인구의 100,000배이므로 누군가 단순히 100,000 × 5 라고 했던 것이다. 그 당시에 "500,000명의 희생자가 대학살을 당할 것이다"라고 하지 않고 그냥 "대 규모 학살이 있을 것이다"라고 했었더라도 전쟁이 그렇게 오래 지속될 수 있었을까? 이것은 숫자의 힘이 말의 힘보다 얼마나 효과적인지를 보여주는 한 예가 된다.

위의 두 가지 예로부터 알 수 있는 뜨거운 수의 속성은 그 출처가 베일에 가려져 있다는 것이다. 그리고 뜨거운 수에 대한 최선의 방어는 그 수가 나온 계산과정, 즉 정의, 가설, 자료 등에 나온 모든 사항을 안다고 주장하는 것이다.

어떤 수를 예견하는 것은 효과적으로 작용되어 질수 있다. 그 이유는 첫째, 그 당시의 예견이 틀렸다고 지적하기가 어렵다. 둘째, 사람들은 미래를 안다고 주장하는 사람들을 경외하기 때문이다. 단, 이런 경우 '컴퓨터가 계산한', '정확한 분석가가 밝힌', '전문가가 말한', '신중히 평가된' 등의 단어로 잘 포장되어 지기 마련이다. 그렇지 않은 경우 공격의 대상이 될 수가 있다.

3. 숫자로의 표현

어떤 물체나 사건, 혹은 현상을 숫자로 표현하고 그 숫자로 설명 되어지는 예를 우리 생활 속에서 찾아볼 수 있다. GNP, 주가지수, 인구밀도, 물가지수 등, 이들은 어느 시점에서 일어난 현상을 숫자로서 설명할 수 있는 예이다. 사람의 몸무게나 키, 땅의 면적, 산의 높이 등은 그 대상의 크기를 숫자로 표현하는 예가 된다. 사람들은 동일한 성질을 가진 집단의 구성요소들에 순위를 매겨 그 대상을 평가하기 좋아한다. 사람의 이러한 습성은 수를 잘못 사용한다든지, 수를 남용함으로 인하여 때로는 막대한 해를 입을 수 있게 되는 경우를 보게 된다. 사람의 키나 몸무게는 하나의 숫자로 나타나는 일차원적인 경우이다. 다시 말하면 숫자만 보고도 서로의 키나 몸무게를 비교할 수 있다는 사실이다. 그러나 색깔, 미각, 지능과 같은 것은 하나의 수로 나타낼 수는 없다. 즉 일차원으로 표현할 수 없다는 사실이다.

색은 빨강, 노랑, 파랑의 삼원색을 섞어서 다른 색을 만드는데 그 섞는 비율에 따라 다른 색이 나오기 때문에 방금 만든 색을 다시 배합할 때 정확히 같은 비율로 섞어 색을 만들기도 어렵다는 것을 알 수 있다. 그래서 미술대학에서 색의 실제와 이론에 많은 시간을 할애한다고 한다. 또한 화가들은 '명도'와 '채도'에도 신경을 써야 하는데, 명도가 주어진 색이 얼마나 밝고 어두운지를 나타내는 반면, 채도는 색의 농도와 관련이 있다. 르네상스 시대의 화가 다빈치는 한 가지 색으로 독보적인 자화상을 그렸는데 이는 명도를 강조하여 빛과 어두움의 강한 대비로 극적인 효과를 얻은 것으로 평가되어지고 있다.

색깔과 마찬가지로 미각도 하나의 숫자로 나타낼 수가 없다. 미각은 냄새와 맛의 조합으로서, 가령 딸기가 가지고 있는 화학 성분이 1000가지 이상인데 그 중 15가지만이 미각에 중요한 영향을 미친다는 사실을 식품공학자들은 발견하였다. 그러나 15개의 숫자로서 미각을 나타내기는 어려울 수도 있다.

현대에 접어들며 지능에 대한 사람들의 인지도가 많이 달라졌지만 예전에는 지능지수(IQ)로서 사람의 능력을 평가하는 오류를 많이 범하곤 했었다. 지능이란 '지식을 습득하고 응용하는 능력'이라고 사전에서 설명하고 있다. 길포드(J. P. Guilford)는 통계적 분석법을 사용했던 심리학자로서 "지능을 측정하는 데는 적어도 50가지의 방법이 있습니다. 단순하게 표현하는 것은 확실히 설득력이 없습니다. 그러나 인간의 속성은 매우 복잡하며 우리는 이 사실을 직시해야 할 것이다"라고 하였다. 즉 지능을 숫자로 표현하려면 최소한 50개의 숫자가 필요함을 의미한다. 지능을 하나의 숫자로 표현하기 위하여는 "측정하는 대상이 사람의 키와 같이 일차원적으로 단순한가?"하는 질문을 해보아야 한다. 이것은 "모짜르트와 아인슈타인 중 누가 더 지능이 높은가?" 라고 질문하는 것과 같다.

하나의 숫자로 어떤 상황의 핵심을 설명할 수 없는 예를 들어 보겠다. 뉴욕타임즈는 '미국인 임금의 표본'이라는 제목의 도표에서 1994년을 기준으로 49개 직업의 소득을 비교하였는데, 소득을 비교하기 위하여 하나의 숫자로 주 소득의 중간값을 택하였다. 의사의 주 소득이 966달러(연봉 52,000달러)로 나온 사실에 Sherman

K. Stein은 노동통계청(Bureau of Labor Statistics)에 질문한 답변에서 통계청은 '평균'이 1586달러(연봉 83,000달러)라고 하였다. 중간값(median)인 966달러는 의사의 반이 그 수보다 적게 벌었다는 것이다. 나머지 반은 그 값보다 더 많이 벌었다는 말이다. 그러나 평균(mean)은 모든 의사의 소득의 합을 의사수로 나눈 값이고 그 값이 1586달러라는 이야기이다. 위의 사실은 고소득의 의사가 많이 있었다는 것을 의미한다. 의사들의 소득을 하나의 숫자로서 나타내어 직업의 소득을 말한다는 것은 의미가 없음을 뜻한다.

어떤 개념을 하나의 숫자로 나타내어 복잡한 것을 단순하게, 모호한 것을 정확하게 표현하고자 하는 사람의 욕망에 비해서 일차원으로 표현할 수 있는 것은 아주 드물다는 사실을 인정할 필요가 있다.

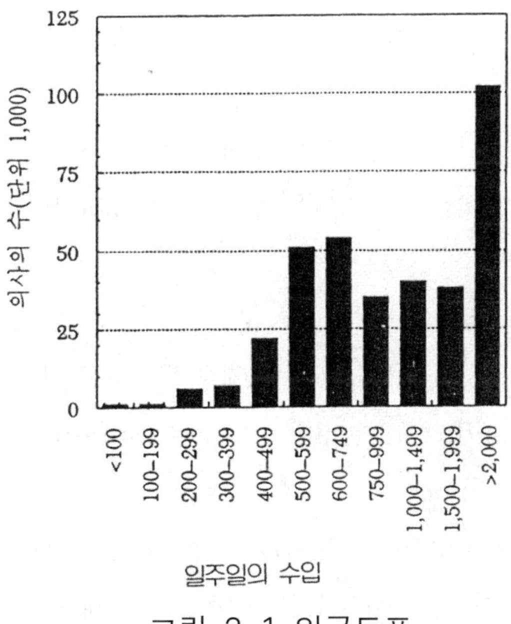

그림 2-1 임금도표

3 수와 생활

1. 수의 읽기

금전 출납부나 은행의 전표에서 기록되어 지는 숫자는 아래에서 세 자리씩 콤마를 찍어서 기록한다. 이 수를 우리말로 읽어 보면 세 자리에서 단위가 잘 떨어지지 않음을 알 수 있다. 예를 들면 35,810,234,567의 경우 358억 1023만 4567로서 오히려 네 자리로 끊어서 읽는 것이 편리함을 알 수 있다. 이것은 우리나라의 수 읽기가 중국으로부터 들어온 여러 가지 산경(算經, 수학책)에서 네 자리씩 끊어 읽는 수사(數詞)의 영향이 뿌리 깊게 박혀 있기 때문이다. 수에 대한 한자표기는

一 十 百 千 萬 億 兆 京 垓 秭 穰 溝 澗 正 載 極

이 있고, 그 위에

항하사, 아승기, 나유타, 불가사의, 무량, 대수 등의 수사가 있다. 또 그 위에 많은 수사가 있다는 사실을 2500년전 석가의 경전인 화엄경에서 찾아볼 수 있다.

그러나 영어로 읽을 때는 세 자리마다 수 단위가 잘 맞아 들어감을 알게 된다. 35,810,234,567을 영어로 읽으면 thirty five billion, eight hundred and ten million, two hundred and thirty four thousand, five hundred and sixty seven으로 세 자리마다 thousand, million, billion으로 쉽게 읽혀짐을 알 수 있다.

다음의 도표에서 수사에 대한 내용을 소개한다.

〈표 3-1〉 수에 대한 접두어

10^{1}	deca(da)	10^{-1}	deci(d)	1	mono-(unit-)
10^{2}	hecto(h)	10^{-2}	centi(c)	2	di-(bi-), bis-
10^{3}	kilo(k)	10^{-3}	milli(m)	3	tri-(ter-),tris
10^{4}	myria	10^{-4}	decimilli	4	tetra-(quater-)
10^{6}	mega(M)	10^{-5}	centimilli	5	penta-(quinque-)
10^{9}	giga(G)	10^{-6}	micro(μ)	6	hexa-(sexi-)
10^{12}	tera(T)	10^{-9}	nano(n)	7	hepta-(septi-)
10^{15}	peta(P)	10^{-12}	pico(p)	8	octa-(octi-)
10^{18}	exa(E)	10^{-15}	femto(f)	9	ennea-(nano-, novi-)
		10^{-18}	atto(a)	10	deca-(deci-)
				20	eicosa-
				30	tricosa-
				40	tetraconta-
				50	pentaconta-
				60	hexaconta-
				$\frac{1}{2}$	hemi-(semi-)

〈표 3-2〉 미국과 영국의 수사

	미국	영국		미국	영국
ten	10^{1}	10^{1}	decillion	10^{33}	10^{60}
hundred	10^{2}	10^{2}	undecillion	10^{36}	10^{66}
thousand	10^{3}	10^{3}	duodecillion	10^{39}	10^{72}
million	10^{6}	10^{9}	tredecillion	10^{42}	10^{78}
billion	10^{9}	10^{12}	quattuordecillion	10^{45}	10^{84}
trillion	10^{12}	10^{18}	quindecillion	10^{48}	10^{90}
quadtillion	10^{15}	10^{24}	sexdecillion	10^{51}	10^{96}
quintillion	10^{18}	10^{30}	septendecillion	10^{54}	10^{102}
sextillion	10^{21}	10^{36}	octodecillion	10^{57}	10^{108}
septillion	10^{24}	10^{42}	novemdecillion	10^{60}	10^{114}
octillion	10^{27}	10^{48}	vigintillion	10^{63}	10^{120}
nonillion	10^{30}	10^{54}	centillion	10^{303}	10^{600}

〈표 3-3〉 한국의 수사

10^{1}	십(十)	10^{1}	냥(兩)
10^{2}	백(百)	10^{0}	문(文)
10^{3}	천(千)	10^{-1}	할(割)
10^{4}	만(萬)	10^{-2}	분(分)
10^{8}	억(億)	10^{-3}	리(厘)
10^{12}	조(兆)	10^{-4}	모(毛)
10^{16}	경(京)	10^{-5}	사(絲)
10^{20}	해(垓)	10^{-6}	홀(忽)
10^{24}	자(秭)	10^{-7}	미(微)
10^{28}	양(壤)	10^{-8}	섬(纖)
10^{32}	구(溝)	10^{-9}	사(沙)
10^{36}	간(澗)	10^{-10}	진(塵)
10^{40}	정(正)	10^{-11}	애(埃)
10^{44}	재(載)	10^{-12}	묘(渺)
10^{48}	극(極)	10^{-13}	막(莫)
10^{52}	항하사(恒河沙)	10^{-14}	모호(模糊)
10^{56}	아승기(阿僧祇)	10^{-15}	준순(逡巡)
10^{60}	나유타(那由他)	10^{-16}	필수(必須)
10^{64}	불가사의(不可思議)	10^{-17}	순식(瞬息)
10^{68}	무량(無量)	10^{-18}	탄지(彈指)
10^{72}	대수(大數)	10^{-19}	찰나(刹那)
		10^{-20}	육덕(六德)
		10^{-21}	공허(空虛)
		10^{-22}	청정(淸淨)

2. 수의 크기

큰아이가 초등학교 다닐 때 이상한 숙제를 하는 것을 본 기억이 의미 깊게 남아있다. 어느 휴일에 4명이 한 조가 되어 한 장소에 모여서 함께하는 숙제였다. 그들의 숙제는 노트에 1에서부터 자연수를 차례로 적어가는 것이었는데, 한명이 수를 써 가는 동안 다른 세 명은 놀고, 한참 후 다음 순서의 아이가 계속해서 수를 써 가면 나머지 세 명이 놀면서 하는 숙제였다. 선생님의 의도가 무엇인지 알 수는 없었지만 수학을 하는 사람으로 아이들의 숙제하는 모습을 보며 느끼는 바가 많았다. 아이들은 그들이 아침부터 저녁까지 쉬지 않고 수를 써내려갔으나 그 수는 끝이 없었고 그들이 마지막으로 쓴 수의 크기는 얼마 되지 않는다고 하였다.

사람이 일, 이, 삼, … 등으로 읽어 나 갈 때 한 글자를 읽는데 0.1초의 시간이 걸린다면 하루에 8시간씩 셀 때 100만까지 세는 데는 300일 정도가 걸린다. 그러면 1000만까지는 몇 년이 걸리며 억, 조는 얼마의 시간이 필요한가?

1억원을 금고에 넣어두고 하루에 10,000원씩 쓴다면 약 27년 142일 동안 쓸 수가 있다. 얼마전 매스컴에서는 200억이란 돈이 얼마나 많은지를 설명한 적이 있다. 200억원은 10,000원권을 사과상자에 담아 2톤 트럭에 가득 실을 수 있는 양이라 한다. 화폐 가치가 떨어지며 고물가 시대에 접어든 우리에게 쉽게 거론되어지는 억, 조 등의 단위가 실제로 얼마나 큰 수인지 한번쯤은 느껴볼 필요가 있다고 생각한다.

3. 생활 속에 얽힌 수의 개념

우리의 생활 속에는 수와 관계된 많은 일들이 일어나고 있다. 어린아이가 태어나서 100일이 되면 백일잔치를 한다. 태어나서 세상에 적응하여 무사히 잘 자란 것을 기념하며 앞으로도 건강히 자라줄 것을 기원한다. 일년이 되면 돐이라 하고, 10대 20대를 거치며 나이에 맞는 표현을 찾게 된다. 논어에 말씀하시기를 30세는 이립(而立), 40세는 불혹(不惑), 50세에 지천명(知天命), 60세에 이순(耳順), 70세에는 종심(從心)이라 하여 나이에 맞는 처신을 할 것을 교훈하였다. 한편 한자용어로 61세는 회갑(回甲), 70세는 고희(古稀), 77세는 희수(喜壽), 80세는 산수(傘壽), 88세는 미수(米壽), 90세는 졸수(卒壽), 99세는 백수(白壽)라 하였다. 결혼기념일에 얽힌 수로는 20주년을 도혼식, 25주년은 은혼식, 50주년은 금혼식, 60주년을 회혼식, 75주년은 금강석혼이라 한다.

그 외 생활 속에 얽힌 수에 관한 예를 들어본다.

참조, 수학은 생활이다, 박형빈 저.

〈표 3-4〉 서양에서의 결혼기념일(Wedding Anniversary)

	Traditional	Modern
First	Paper	Clocks
Second	Cotton	China
Third	Leather	Crystal/Glass
Fourth	Fruit/Flowers	Appliances
Fifth	Wood	Siverware
Sixth	Iron	Wood
Seventh	Wool/Copper	Desk sets
Eighth	Bronze/Pottery	Linen/Laces
Ninth	Pottery/Willow	Leather
Tenth	Tin/Aluminum	Diamond Jewellery
Eleventh	Steel	Fashion Jewellery
Twelfth	Silk/Linen	Pearls
Thirteenth	Lace	Text les/Furs
Fourteenth	Ivory	Gold Jewellery
Fifteenth	Crystal	Watches
Twentieth	China	Platinum
Twenty-fifth	Silver	Silver
Thirtieth	Pearl	Diamond
Thirty-fifth	Coral	Jade
Fortieth	Ruby	Ruby
Forty-fifth	Sapphire	Sapphire
Fiftieth	Gold	Gold
Fifty-fifth	Emerald	Emerald
Sixtieth	Diamond	Diamond
Seventy-fifth	Diamond	Diamond

〈표 3-5〉 생일 달에 얽힌 보석과 꽃

월	탄생석	꽃
1월	석류석(石榴石, garnet)	카네이션(Carnation)
2월	자수정(紫水晶, amethyst)	제비꽃(Violet)
3월	남옥(藍玉, aquamarine)	장수화(Jonquil)
4월	금강석(金剛石, diamond)	사향연리초(Sweet pea)
5월	취옥(翠玉, emerald)	백합(Lilly of the vally)
6월	진주(pearl)	장미(Rose)
7월	홍옥(紅玉, ruby)	참제비고깔(Larkspur)
8월	감람석(橄欖石)	글라디올라스(Gladiola)
9월	청옥(青玉, sapphire)	과꽃(Aster)
10월	단백석(蛋白石, opal)	금잔화(Calendula)
11월	황옥(黃玉, topaz)	국화(Chyyanthemum)
12월	터키옥(turquoise)	포인세티아(Poinsettia)

4. 생활 속에 쓰여 지는 단위

생활 속에서 쓰여 지는 여러 가지 단위는 국가나 지역에 따라 다르게 사용되어 진다. 외국여행을 할 때 물가, 화폐단위, 길이, 무게, 부피 등의 측정단위가 다름으로 인하여 그 환경에 적응 하려면 시간이 필요하게 된다. 국제화 시대에 살아가는 사람으로 알아두면 좋은 단위에 관한 몇 가지 내용을 소개 한다.

· 길이

길이 단위는 지구둘레(40,000Km)의 40,000,000분의 1을 1m로 기준 하였다. 1cm는 10^{-2}m, 1mm는 10^{-3}m, 1μ(micron)은 10^{-3}mm 혹은 10^{-6}m, 1A(angstrom)은 10^{-10}m, 1페르미(fermi)는 10^{-13}m이다. 1마일(mile)은 1609.344m, 1해리는 1852m이다. 1자(尺)는 1foot로서 30.3cm 이다. 우리나라 고속도로의 최고속도가 100~110㎞이므로 미국의 경우 70~80mile과 비교하면 우리나라보다 조금 높은 것을 알 수 있다. 1억원을 10,000원권의 지폐로 쌓으면 한 장의 두께가 0.111mm(±0.008mm 오차)이므로 그 높이가 약 111cm가 된다.

· 넓이

우리나라에서 많이 쓰고 있는 넓이의 단위 1평은 36제곱자(平方尺) (3.3058 m^2)이다. 더블 침대 크기보다 조금 더 크다고 보면 좋겠다. 1ca(센타르, centare)는 $1m^2$, 1a(아르, are)는 100 m^2, 1 ha(헥타르)는 100a로 약 3000평(99.174a)이 된다. 1 acre(에이커)는 40.46856a로서 1224.2평으로 국토가 넓은 지역에서 사용하고 있다.

1보(步)는 30평(99.174 m^2), 1단보(段步)는 300평(9.9174 a), 1정보(町步)는 3000평(99.174 a)이다.

· **부피**

부피의 기본단위 1cc는 $1cm^3$이고 1리터(liter)는 1,000cc이다. 우리나라 고유의 단위인 1되는 1.8ℓ(리터)이고 1말은 10되(18ℓ)이다. 미국에서 쓰는 1쿼트(liquid quart)는 0.946ℓ, 1갤런(gallon)은 3.785328ℓ이다. 석유단위로 쓰이는 1드럼(drum)은 50~55 gallon으로 (189~208ℓ, 약 10말~11말 정도)이고, 석유 단위로 쓰이는 1배럴(barrel)은 31.5 gallon(119ℓ)이다.

· **무게**

1g은 섭씨 4°c에서의 순수한 물 1cc의 무게이다. 1Kg은 1000g, 1ton은 1000Kg이다. 100원짜리 동전으로 1억원을 바꾼다면 동전의 무게가 5.42g이므로 5,420Kg이다. 이것은 5톤 트럭 한대가 실을 수 있는 무게이다. 1돈은 3.75g, 1온스(oz)는 28.35g, 1파운드(lb)는 453.6g, 1근(斤)은 600g으로 160돈, 1관(貫)은 3.75Kg으로 1000돈이다.

4

음수와 양수

1. 음수의 역사

1800년대까지도 음수의 개념은 몇몇 수학자들을 제외한 많은 수학자들을 괴롭혔다. 그 중 몇 명의 수학자들은 아예 음수의 개념을 무시 했다고 한다. 그러나 인도에서는 빚을 나타내는데 음수를 도입했고, 6세기의 수학자 브라마 굽타는 음수의 사칙계산에 관한 책도 남겼다고 한다. 12세기 이슬람 수학자 알사마왈이 저술한 「계산에 관한 빛나는 책」 에서는 음수의 덧셈과 뺄셈에 대해서 다루었는데, 이와 비슷한 시기에 인도의 바스카라는 답이 음수일 경우 이를 '적합하지 않다'고 하였다. 중국에서는 검정과 빨강 막대기를 사용해 양수와 음수를 나타내었다고 한다. 금전 출납부에서 잔액이 음수인 경우는 붉은색으로 기재를 하고 '적자가 난다'고 하는 의미가 여기에 있다. 3세기경의 중국 수학자 유휘는 구장산술을 개정하면서 계산의 필요에 의하여 음수를 도입하였으나, 그리스의 수학자 디오판토스는 $\sqrt{x+3}=0$과 같이 해가 음수인 경우는 풀지 못한다고 생각하였다고 한다.

유럽의 수학자들은 이슬람 문서를 통해 음수에 관해 알고 있었으나, 수세기 동안 음수는 의미도 없고 실용성도 없다고 생각하였다. 15-16세기 수학자 슈케(Nicolas Chuquet)와 슈티펠(Michael Stifel)도 음수를 모순적인 수로 생각 했고, 1500년대에 카르다노

참조, 수학사 가볍게 읽기, 샌더슨 스미스 저, 황선욱 역.

(Girolamo Cardano)는 음수를 방정식의 근으로 인정하려 했지만 결국 불가능한 해로 결론을 내렸으며, 비에트(Francois Viete)는 아예 음수를 취급하지 않으려고 하였다. 17세기 수학자 데카르트(Rene Descartes)는 어느 정도까지는 음수를 인정 했지만, 음수가 '무'보다 작기 때문에 잘못된 수로 생각하였다. 그러나 데카르트는 수직선상에 0을 기점으로 오른쪽은 양수 왼쪽은 음수로 표현하는 것을 가장 먼저 시도하였다.

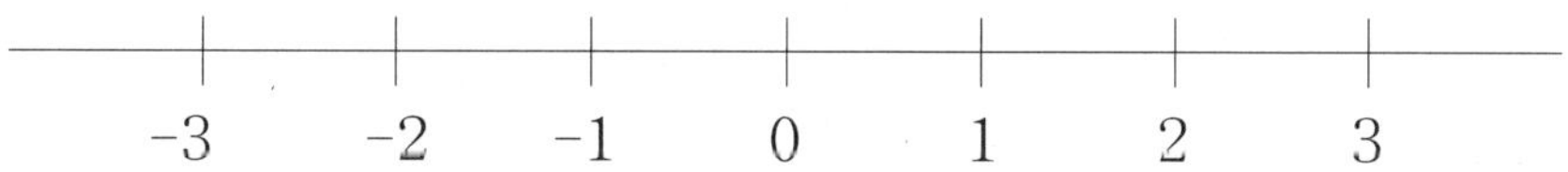

18세기에 들어 오일러는 그의 저서 「대수학입문 Complete Introduction to Algebra」에서 '빚을 갚는 것은 선물을 주는 것과 같다'는 비유를 통해서 음수를 설명하였다.

2. 음수×음수는 양수

(−1)×(−1)은 왜 1이 되는가? 즉 음수×음수는 왜 양수가 되는가? 오덴(W. H. Auden)은 "음수 곱하기 음수는 양수이다. 그 이유를 따질 필요는 없다"고 하였다. 그러나 우리는 이 성질을 몇 가지 관점에서 설명해 보고자 한다.

1) 분배법칙(Distributive Law)

참조, 생활속의 수학, 셔건 스타인 저, 황우영 조향감 역.

한 개의 직사각형을 아래 그림과 같이 두 개로 나누었을 때 큰 직사각형의 면적 (a+b)c는 작은 직사각형의 면적 ac와 bc의 합과 같다. 즉 (a+b)c=ac+bc가 된다. 이것은 덧셈과 곱셈에 관한 분배법칙(Distributive Law)이다.

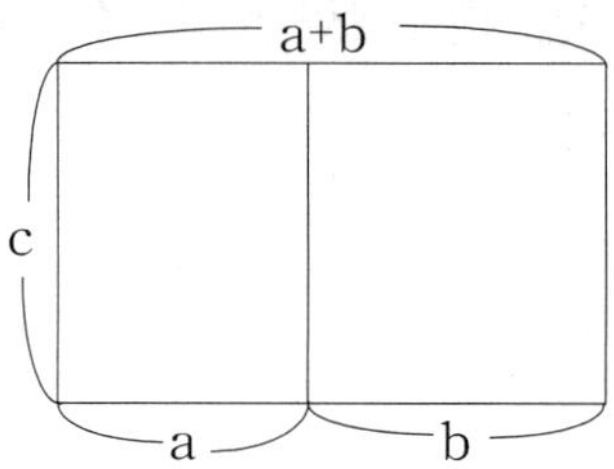

그림 4-1

여기서 우리는 0,1 그리고 −1의 성질을 먼저 소개 하고자 한다. 이 성질들은 1 장에서 소개된 바 있다.

어떤 수에도 0을 곱하면 0이 된다. 즉 모든 수 x에 대해서 $0\times x=0$이다. 모든 수에 1을 곱하면 자기 자신이 된다. 즉 모든 수 x에 대해서 $1\times x=x$이다. 또한 $-x$는 x와 더해서 0이 되는 수이다. 즉 $(-x)+x=0$이 된다.

그러면

$$(-1)+1=0$$

이므로 양변에 (−1)을 곱하면

$$(-1)[(-1)+1]=(-1)\times 0$$

이다. 이제 분배법칙을 이용하면

$$(-1)\times(-1)+(-1)\times 1=(-1)\times 0$$

이 된다. 1의 성질에 의해서 $(-1)\times 1=-1$이고, 0의 성질에 의해서

$(-1)\times 0=0$이므로

$$[(-1)\times(-1)]+(-1)=0$$

이다. 이식의 양변에 1을 더하면

$$[(-1)\times(-1)]+[(-1)+1]=0+1.$$

그러므로 $(-1)\times(-1)+0=1$이다.

즉 $(-1)\times(-1)=1$이다. 마찬가지로 -1이 아닌 다른 경우에도 음수 곱하기 음수는 양수임을 보여줄 수 있다.

2) 지수법칙

$2^1=2$, $2^2=2\times 2$이고 $2^n=2\times 2\times\cdots\times 2$로 2^n은 2를 n번 곱한 것으로 정의한다. 특히, $2^0=1$로 정의한다. 그러면 두 자연수 n, m에 대해서 $(2^n)^m=2^{nm}$이 성립한다.

지수의 개념과 그 기호를 가장 먼저 고안한 사람은 1323년경 노르망디(Normandy)에서 태어난 니콜 오렘(Nicole Oresm) 이다. 그는 a를 n번 곱한 $a\times a\times\cdots\times a$를 a^n이라 썼다.

2^{-1}은 2의 곱하기 역수로서

$$2\times 2^{-1}=2\times\frac{1}{2}=1$$

이 성립하는 수이다. 그러면 자연수 n에 대해서

$$2^{-n}=(2^n)^{-1}=\frac{1}{2^n}$$

이 되므로 모든 정수 n, m에 대해서도

$$(2^n)^m=2^{nm}$$

이 되어짐을 보여줄 수 있다. 이제 n과 m이 -1인 경우를 생각하여 보자.

$$(2^{-1})^{-1}=2^{(-1)(-1)}$$

이고, $2^{-1}=\frac{1}{2}$이며, $2\times\frac{1}{2}=1$이므로, 2는 $\frac{1}{2}$의 역수 $(\frac{1}{2})^{-1}$이다. 즉

$$(2^{-1})^{-1}=(\frac{1}{2})^{-1}=2=2^{1}$$

이 된다. 그러므로 $2^{(-1)(-1)}=2^{1}$이고 이 식은

$$(-1)\times(-1)=1$$

임을 보여준다.

3) 방정식의 그래프

일차 방정식의 그래프는 직선 이다. $y=ax$의 그래프를 그리기 위하여 x에 몇 개의 양수 값을 대입 하여 y값을 구하면 xy평면상에 직선의 그래프가 그려진다. 이제 $y=-2x$의 그래프를 그려보자.

x	1	2	3
y	-2	-4	-6

양수 x 값에 대한 $y=-2x$의 그래프는 아래 그림 4-2와 같이 직선으로 나타난다. 즉 x가 한 칸씩 오른쪽으로 가면 y는 아래로 두 칸씩 내려간다.

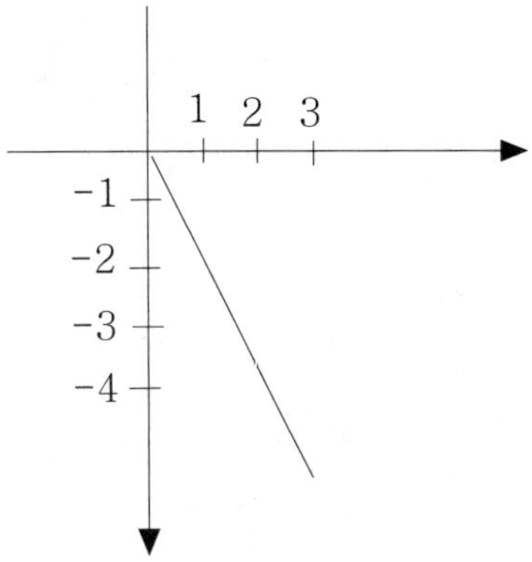

그림 4-2

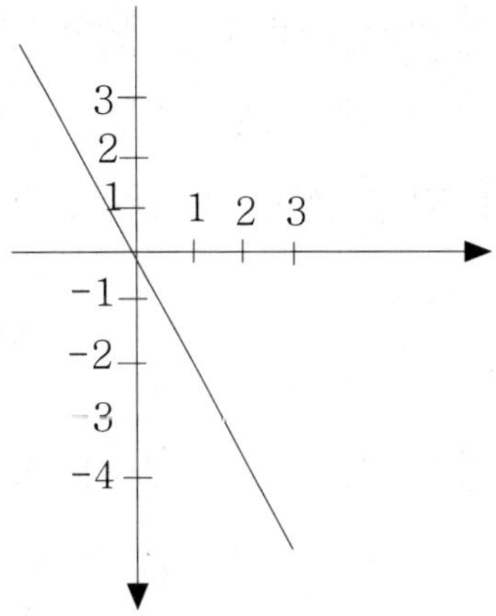

그림 4-3

이 상태를 유지하는 직선은 x 가 왼쪽으로 한 칸을 가면 y 는 위로 두 칸을 올라 가야한다. 그러므로 그래프는 그림 4-3 과 같은 직선이 되어지게 되고 x가 -1일 때 y의 값은 양수가 되어

$$y=(-2)\times(-1)=2$$

가 되어 짐을 알 수 있다.

4) 물리

음수×음수=양수가 되어 짐을 물리학의 방법으로 설명하여 본다. 그림 4-4는 점 0을 축으로 하여 균형을 잡고 있는 시소라 하자.

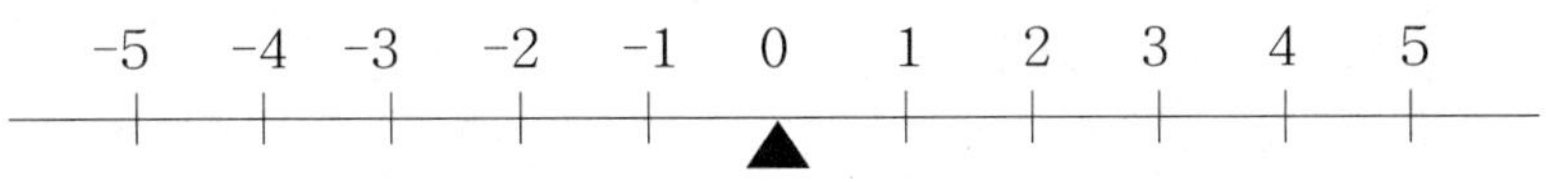

그림 4-4

판위에서의 위치는 음수도 될 수 있고 양수도 될 수 있다. 또한 판을 위로나 아래로 움직일 수도 있다. 물리학자들은 위로 올리는

힘을 양수로, 내리는 힘은 음수로 나타내고 그 힘은 위치에 따라서 시계 반대 방향 또는 시계 방향으로 작용한다. 힘은 축에서 먼 곳에서 작용 할수록 많은 회전력을 만든다. 물리에서는

$$회전력=힘\times위치$$

로서 힘이 가해진 장소의 좌표와 힘을 곱하였다

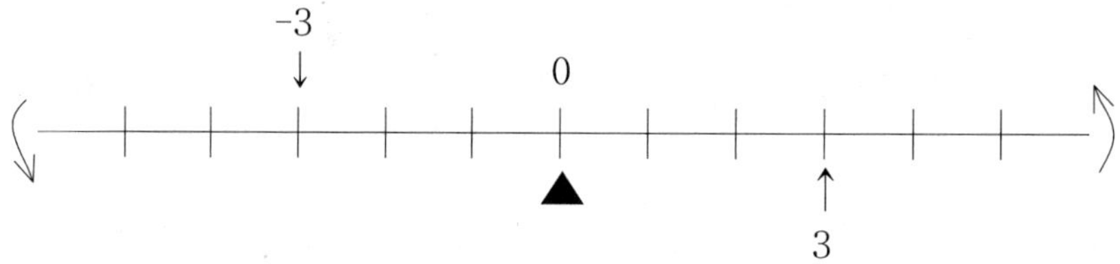

그림 4-5

만일 좌표 3에서 3의 힘으로 들어 올리면 3×3의 회전력이 발생하고 그 힘은 -3에서 -3의 힘을 가한 것과 같아진다. 즉 $(-3)\times(-3)=3\times3$과 같은 회전력이 생기는 것을 알 수 있다.

5 문제 해결의 방법

수학은 양에 관한 문제를 해결하는 도구이다. 인류의 초기역사를 보면 문명화는 셈과 측량을 필요로 하였다. 상인들은 상품과 이윤을 셀 수 있어야 하고, 건축가들은 정확한 크기로 돌과 나무를 잘라야 했으며, 토지를 가진 지주들은 땅의 경계를 표시해야 하였고, 항해자들은 별을 관찰함으로 거리와 각을 계산하여 위치를 알 수 있었다. 또한 회계사, 도안가, 측량자, 천문학자등 다양한 분야에서 수와 도형을 다루는 장인들이 필요하였다. 이들은 정확하고 빠른 계산을 요구하였으며 이러한 셈과 측량의 기술은 역사가 시작한 이래 오랜 시간 동안의 수학으로 대수와 기하의 시초라 할 수 있다.

그러나 그리스의 철학자들에 의해 수학에 주어진 큰 변화는 논리를 셈과 측량의 기술에 적용시키게 된 것이다. 이것은 수학을 기술에서 과학으로 변신하게 하였고 이천년 동안 수학이 과학의 여왕으로 그 자리를 지켜오게 하였다.

1800년대 초, 비유클리드 기하의 발견은 수학의 발전에 획기적인 변화를 주었다. 수학이 어느 정도의 오차를 감수하여야 하는 실험에 의존하지 않고, 논리적 전개에 바탕을 둔 이론적 발전을 도모할 수 있는 계기를 마련하게 된 것이다. 수학자들은 연구내용이 현실과 상관없어 보이는 것이라도 자유로이 이론적 문제를 연구 할 수 있게 된 것이다. 수학은 추상적 개념의 세계를 다루게 되었고, 다른 과학과는 상이한 학문이 되었다.

이 절에서는 수학이 과학, 경제, 사회 및 예술 등의 분야에서 어떻게 응용되어 지고 있는지 살펴보고 어떤 문제를 해결하기 위하여 수학이 어떻게 사용되어 지는지 살펴보고자 한다.

문 제 5.1. 유정이는 해돋이 구경을 위하여 자동차를 타고 정동진으로 갔다. 서울에서 오전 8시에 출발하여 오후 2시에 정동진에 도착하였고, 다음 날 아침 해돋이를 보고 오전 8시에 정동진을 출발하여 갔던 길을 그대로 돌아와 오후 2시에 서울에 도착하였다. 자동차의 속도와 관계없이 유정이는 도로상의 적어도 한 지점을 갈 때와 돌아 올 때의 같은 시간에 지났음을 보여라.

풀이 1 ☞ 우선 실험적으로 풀이를 해보자. 정동진으로 가는 모습을 비디오카메라에 담아 6시간짜리 필름으로 만들고 마찬가지로 서울로 돌아올 때의 모습을 카메라에 담아 또 다른 6시간짜리 필름으로 만들어 동시에 두 개의 스크린에 나란히 보이게 한다. 한 스크린에는 서울에, 다른 한 스크린에는 정동진에 자동차가 서 있음을 볼 수 있을 것이다. 시간이 지남에 따라 스크린의 두 사람은 서로 가까워져서 결국 한 지점에서 만나게 될 것이다. 두 자동차는 두 날의 같은 시간 같은 장소에 있게 된다.

풀이 2 ☞ 위 문제를 논리적으로 풀어가는 수학적 방법을 제시한다. 시간에 대하여 자동차가 움직인 거리를 나타내는 두개의 곡선을 그리면 그림 5-1과 같다. 곡선의 모양에는 관계없이 두 곡선

참조, 수학의 이해, 이상욱 고영미 저.

이 반드시 만나는 점이 있음을 알 수 있다. 이 점이 우리가 원하는 답이 된다.

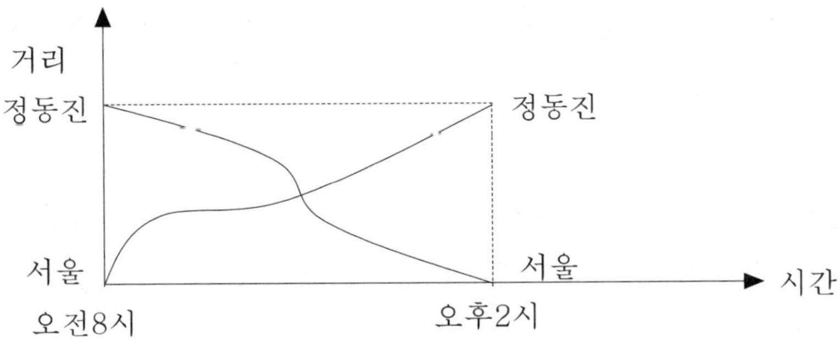

그림 5-1

이 문제에서는 우리가 알 수 있는 정보는 아주 제한된 것이기 때문에 수정이가 어떤 장소에서 어떤 시간에 지났는지는 말할 수 없다. 다만 같은 시간에 한 지점을 통과했다는 사실만 보여줄 뿐이다. 제한된 정보에 의하여 제한된 답만을 제공한 것이다.

문 제 5.2. 두 명의 선수가 경쟁을 하는 육상 경주에서 안쪽트랙을 도는 선수는 바깥트랙을 도는 선수보다 뒤에서 출발한다. 육상트랙의 폭이 1m 인 경우 약 6m뒤에서 출발하여야 한다. 이유는 무엇일까?

이 문제를 풀기 위하여 다음의 문제를 생각하여 본다. 하나의 로프가 지구의 적도를 따라 단단히 감겨있고, 다른 로프는 첫 번째 로프보다 1m 공중으로 높이 감겨 있다고 하자. 두 번째 로프는 첫 번째 로프보다 얼마나 더 길어야 할까?

풀 이 ☞ 지구의 반지름을 r m이라 하면 첫 번째 로프의 길이는 $2\pi r$ m이고 두 번째 로프의 길이는 $2\pi(r+1)$m이다. 그러므로 두 로프의 길이의 차이는 $2\pi(r+1)-2\pi r=2\pi$m이므로 약 6m의 차이가 있다.

위의 풀이에서 두 로프의 길이의 차이는 2π로 반지름의 크기에는 전혀 관계가 없음을 알 수 있다. 그러므로 문제 5.2에 적용하면 폭이 1m인 육상트랙의 바깥쪽은 안쪽트랙보다 약 6m가량 앞에서 출발하면 된다.

수학의 황제 가우스(F. Gauss)가 10살 때 선생님은 다음과 같은 문제를 냈다. 1부터 100까지의 수를 적고 그것을 더해서 답을 구하시오. 선생님은 한참 쉬려는 생각으로 문제를 내었는데 몇 초 뒤에 가우스가 돌판을 책상에 올려놓으며 "됐습니다"라고 하였다. 다른 아이들이 땀을 흘리며 고민하고 있는데 가우스는 말끔한 얼굴로 앉아 있었다. 선생님은 의문스러운 듯이 가우스를 쳐다보았다. 가우스의 답은 5050이었다. 깜짝 놀란 선생님은 자신이 가르칠 것은 아무것도 없다고 생각하였고 함부르크에서 산수책을 구해와 가우스에게 주었다고 한다.

문 제 5.3. 1부터 100까지의 자연수의 합을 구하여라.

풀 이 ☞ 첫 번째와 마지막 수를 더하고, 두 번째와 마지막에

서 두 번째 수를 더하고, 이러한 방법을 계속하면 101을 50개 얻게 된다. 즉

$$(1+100)+(2+99)+\cdots+(50+51)=50\times 101=5050.$$

위의 문제를 일반화 하면 우리는 1부터 n까지의 자연수의 합을 구하는 공식을 얻을 수 있다.

$$S=1+2+\cdots+n$$

이라 하면

$$\begin{aligned} 2S &= (1+2+\cdots+n)+(1+2+\cdots+n) \\ &= (1+2+\cdots+n)+(n+(n-1)+\cdots+1) \\ &= (n+1)+(n+1)+\cdots+(n+1) \\ &= n(n+1) \end{aligned}$$

그러므로 $S=\dfrac{n(n+1)}{2}$ 이다.

위의 문제는 등차급수의 합을 구하는 문제이다. 다음은 등비급수의 합을 구하는 문제의 응용이다.

문 제 **5.4.** 김군은 1주일에 100만씩 18주간 급료를 받기로 하고, 박군은 첫째 주에 100원, 둘째 주에 200원, 셋째 주에 400원, n째 주에 $2^{n-1}\times 100$원씩 18주간 급료를 받기로 하였다. 누가 더 많은 급료를 받을까?

풀 이 ☞ 김군의 급료는

$$K = 1{,}000{,}000\text{원} \times 18 = 18{,}000{,}000\text{원}$$

이다. 박군의 급료를 P라 하면

$$P = 100 + 200 + 400 + \cdots + 2^{17} \times 100$$
$$= 100(1 + 2 + 2^{2} + \cdots + 2^{17})$$

이다.

양변에 2를 곱하면

$$2P = 100(2 + 2^{2} + 2^{3} + \cdots + 2^{18})$$
$$P = 2P - P$$
$$= 100(2 + 2^{2} + 2^{3} + \cdots + 2^{18})$$
$$- 100(1 + 2 + 2^{2} + \cdots + 2^{17})$$
$$= 100(2^{18} - 1)$$
$$= 26,214,300\text{원}$$

이다. 18주 이상을 일할 때 박군이 김군보다 급료가 높은 것을 알 수 있다.

이 사실로부터 일정 기간이 경과한 후에는 낮은 봉급에서 시작해서 주기적으로 인상되는 급료가 고정급료 보다 나은 것을 알 수 있다.

위 문제에서 보면 등비급수의 합을 구하는 공식을 유도 할 수 있다. 초항이 1이고 공비가 r인 등비급수의 합을 S라 하면

$$S = 1 + r + r^{2} + \cdots + r^{n}$$

이다. 양변에 r을 곱하면

$$rS = r + r^{2} + r^{3} + \cdots + r^{n+1}$$ 이고,

$$\begin{aligned}(r-1)S &= rS-S \\ &= r+r^2+r^3+\cdots+r^{n+1} \\ &\quad -(1+r+r^2+\cdots+r^n) \\ &= r^{n+1}-1\end{aligned}$$

이므로 $S=\dfrac{r^{n+1}-1}{r-1}$.

이상은 $r\neq1$인 경우이며 $r=1$인 경우는 $S=n+1$이 된다.

다음 문제는 통계학의 순열에 관한 문제이다.

문 제 5.5. 다섯 개의 축구팀으로 구성된 리그전을 생각해 보자. 시즌이 끝날 때 같은 점수 기록이 없다면, 이 경기에서 팀간에 가능한 순위는 몇 가지가 되는가?

풀 이 ☞ 다섯 개의 팀에서 처음 순위에 올 수 있는 경우의 수는 5이다. 처음 팀에 대하여 두 번째 순위에 4개의 팀 중 어느 팀이 와도 되므로 $5\cdot4=20$이 첫 번째, 두 번째 순위의 가능한 경우의 수이다. 첫 번째, 두 번째 순위에 대하여 세 번째 순위는 3팀 중 어느 팀도 될 수 있으므로 $5\cdot4\cdot3=60$이 첫 번째, 두 번째, 세 번째 순위의 가능한 경우의 수이다. 첫 번째, 두 번째, 세 번째 순위에 대하여 네 번째 순위는 2팀 중 어느 팀이나 될 수 있으므로 $5\cdot4\cdot3\cdot2=120$이 첫 번째, 두 번째, 세 번째, 네 번째 순위의 가능한 경우의 수이다. 마지막 순위에 올 수 있는 팀은 하나뿐이므로 가능한 순위의 수는 $5\cdot4\cdot3\cdot2\cdot1=120$이다. 이런 경우를 5!로 나타낸다.

다음은 논리에 관한 문제이다. 이 문제는 논리적으로 전개되어 나가는 문장에서 생길 수 있는 모순을 지적하고 있다.

문 제 5.6. (The paradox of unexpected hanging) 어느 일요일에 한 죄수가 판사 앞에 서 있었다. 판사는 다음과 같이 판결하였다: 당신은 다음 주중 어느 하루 정오에 교수형을 당할 것입니다. 그러나 교수형을 당하는 날 아침에야 당신은 교수형을 당하게 됨을 알게 될 것입니다.

판사는 자신의 말을 항상 지키는 사람으로 알려진 사람이었다. 죄수는 다음과 같이 생각하였다. "일요일은 마지막 날이므로 토요일 오후에는 말을 듣지 않고도 일요일에 교수형을 당할 것을 알 수 있기 때문에 다음 일요일에는 교수형을 당하지 않을 것이다. 그래서 일요일은 제외되었다. 토요일에도 교수형을 당하지 않는다. 왜냐하면 금요일 오후에는 토요일에 교수형을 당할 것을 알 수 있기 때문이다. 이와 같은 방법으로 금요일, 목요일, 수요일, 화요일, 월요일이 제외 되므로 판사의 판결은 집행될 수 없다."

그러나 판결이 목요일에 집행되었다. 죄수는 교수형을 당할 것이라고 전혀 예상하지 못하였으므로 목요일의 형 집행은 예상 밖이었고, 결국 판사의 판결은 집행된 것이다. 왜 이것이 가능할까? 이 패러독스는 1940년대 초에 처음으로 입에서 입으로 퍼져나갔다. 그 이후, 토론의 주제가 되어 철학자, 수학자, 물리학자들이 이것과 관련하여 20편 이상의 논문을 유명 잡지에 실었다.

풀 이 ☞ 죄수의 추론에서 처음에 일요일을 제외하는 것은 옳았다. 그러나 토요일을 제외하는 과정부터는 잘못된 것이다.

다음의 문제는 연립방정식을 이용하여 해결하는 문제이다. n 개의 미지수가 있는 문제를 풀기 위하여는 n 개의 연립방정식이 있어야 한다. 그러나 미지수의 개수보다 연립방정식의 개수가 적을 때 주어진 가정의 조건으로부터 답을 구할 수 있다.

문 제 5.7. 학교 구내식당에서 햄버거는 5,000원, 핫도그는 2,000원에, 사탕은 100원에 판매한다. 한 주에 100개의 상품을 판매하여 100,000원을 벌었다. 각 품목은 몇 개씩 판매되었을까?

풀 이 ☞ H, D, C를 각각 판매된 햄버거의 개수, 핫도그의 개수, 사탕의 개수라고 하면, 다음의 두 식이 성립한다.

$$H+D+C=100$$

$$5,000H+2,000D+100C=100,000$$

이것을 간단히 하면, $3H+100=1.9C$이다. 여기서 두 개의 미지수 H와 C를 갖는 하나의 식을 갖게 된다. 여기에 하나의 정보가 더 주어져 있다. 위 식의 왼쪽이 자연수이므로 $1.9C$도 자연수이어야 한다. 그러므로 C는 10의 배수이다. $C=10C_1$이라 쓰면, $3H+100=19C_1$가 된다.

C_1이 취할 수 있는 값은 무엇일까? $19C_1$은 적어도 100이상 이어야 하므로 C_1은 6, 7, 8, 9, 10중의 하나이나. $C_1=6$이라고 하면,

$H=14/3$이 되고, 이 값은 자연수가 아니므로 답이 될 수 없다. $C_1=7$이라고 하면 $H=11$이고 $C=70$이다. 그러므로 $D=19$을 얻는다. 구내식당에서 11개의 햄버거와 19개의 핫도그, 70개의 사탕을 판매했음을 알 수 있다. 이와 같은 방법으로 C_1은 8, 9, 10이 될 수 없음을 보이므로서 $C_1=7$인 경우가 유일한 해답이 된다.

문 제 **5.8.** 지은이와 지호는 다음의 게임을 하였다. 지은이는 1, 2, 3의 번호가 붙여진 세 개의 봉투에서 한 봉투에만 살짝 천 원짜리 돈을 넣고 다른 봉투는 비어있게 한다. 이제 지호는 하나의 봉투를 뽑아야 한다. 지호가 예를 들어 봉투 1을 뽑으면 지은이는 나머지 두 봉투 중에서 비어있는 것, 예를 들면 3번을 알려준다. 지호는 이제 원하면 뽑은 봉투 1을 봉투 2로 바꿀 수 있다. 지호가 마지막으로 선택한 봉투에 천 원짜리가 있으면 그 돈을 지호가 갖고, 그렇지 않다면 지호가 지은에게 천원을 주어야 한다. 지호가 이 게임을 여러 번 거듭한다면 어떤 전략을 세워야 할까? 지호는 처음 뽑은 봉투를 바꾸지 말아야 할까, 아니면 기분에 따라 봉투를 바꾸는 것이 좋을까?

풀 이 ☞ 이런 경우, 가장 좋은 전략은 항상 봉투를 바꾸는 것이다. 그렇게 하면 세번의 게임 중 두번은 이기게 된다. 천 원짜리는 봉투 1에 있거나 봉투 2에 있다. 그러면 왜 봉투를 1번에서 2번으로 바꾸어야 할까? 첫 번째 봉투를 그대로 가지고 있다면 그 선택이 맞을 확률은 $\frac{1}{3}$이고, 틀릴 확률은 $\frac{2}{3}$이다. 나머지 두 봉투 중 비어있는 봉투를 알게 되더라도 이 확률은 변하지 않는 것이다. 그러나 봉투를 바꾸는 경우는 맞을 확률이 $\frac{2}{3}$가 된다. 그러므로 이것이 가장 좋은 전략이고 기분에 따라 봉투를 바꾸면 맞을 확률은 $\frac{1}{3}$과 $\frac{2}{3}$사이가 될 것이다.

조금 더 강한 예로 다음의 게임을 생각해 보자. 준비된 100개의 봉투 중 한 봉투에만 천 원짜리가 들어 있고 나머지는 비어 있다고 하자. 이런 경우 봉투 1을 뽑을 경우 이 선택이 맞을 확률은 $\frac{1}{100}$이다. 3번부터 100번 봉투가 비어있다는 말을 들었다면 선택한 봉투를 2번으로 바꾸어야 할까 바꾸지 말아야 할까? 당연히 바꾸어야 한다. 2번 봉투에 돈이 들어 있을 확률은 $\frac{99}{100}$가 되기 때문이다.

다음은 다른 유형의 질문의 답이 같은 방법으로 해결되어지는 경우를 보여주고 있다. 아래의 세 문제가 어떻게 해결되어 지는지 살펴보자.

문 제 **5.9-1.** 배가 아래의 그림과 같이 점 A에서 출발해서, 반대편 강기슭의 한 점 C로 갔다가 점 B까지 가려고 한다. 전체 길이를 최소로 하려면 강기슭의 어느 점 C를 지나야 하는가?

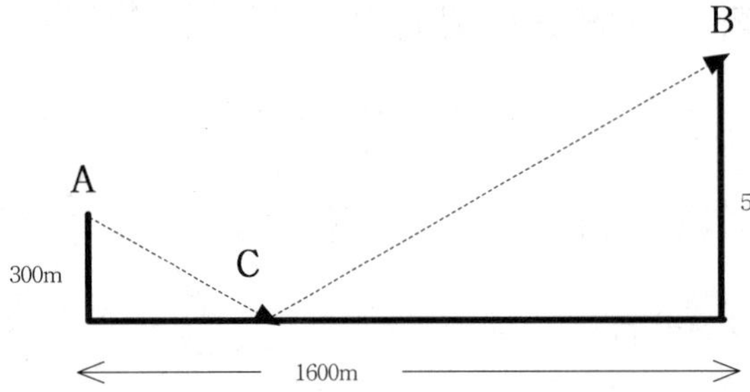

문 제 **5.9-2.** 점 A에 매여져 있는 로프가 아래 C점에 달려있는 고리를 통과해 점 B에 고정된 못을 지나 늘어뜨려져 있다. 점 A에서 점 B까지의 로프의 길이를 최소로 하려면 어느 지점 C에 고리를 매달아야 하는가?

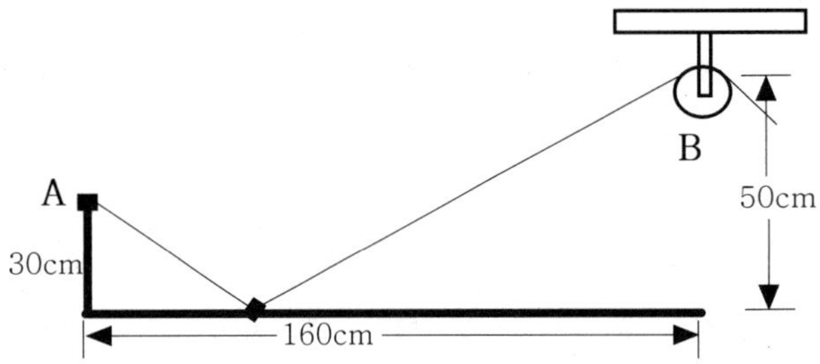

문 제 **5.9-3.** 지구 궤도를 돌고 있는 위성에서 레이저 방사체를 사용한 실험을 한다. 위성 A에서 발사된 레이저가 위성 B에 도달하려면 지구상의 어느 곳 C에서 반사되어야 할까? 지구는 반사되는 점에서 평평하다고 가정한다. (빛은 전체길이가 최소가 되도록 하는 곳 C에서 반사된다.)

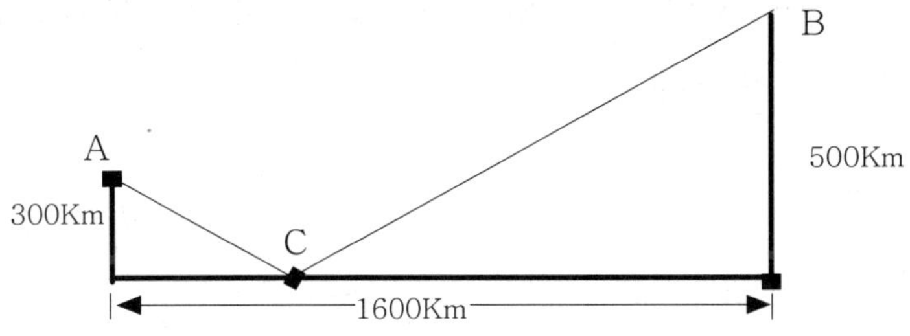

B

위의 세 문제를 어떻게 해결할 수 있을까? 세 문제가 표면적으로는 다르게 보이지만 본질적으로는 같으며, 아래의 그림에서 보여주는 것과 같은 추상적인 수학 문제가 된다.

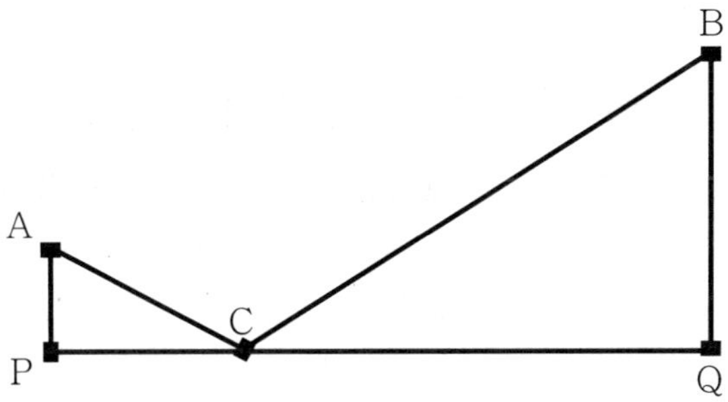

A에서 C까지의 거리를 |AC|로 나타내면 위의 문제는 |AC|+|CB|가 최소가 되게 하는 점 C를 결정하는 것이다. 직선은 두 점간의 거리를 최소로 한다는 사실을 생각해 볼 수 있다. 그러나 이것은 별로 도움이 되지 않는 것 같은데 A에서 직선 PQ에 이르고 다시 B로 향하는 길은 직선이 될 수 없기 때문이다.

수학에서 자주 쓰이는 방법을 사용해 본다. P에서 AP를 연장한 직선과 C에서 BC를 연장한 직선의 교점을 A'라 하자 그러면 삼각형 APC와 삼각형 A′PC는 밑변과 높이가 같은 직각삼각형이

므로 빗변의 길이도 같아진다. 즉 |AC|=|A′C|. |A′C|+|CB|가 최소이므로 |AC|+|CB|도 최소가 된다. 따라서 C가 원래의 문제의 답이 된다.

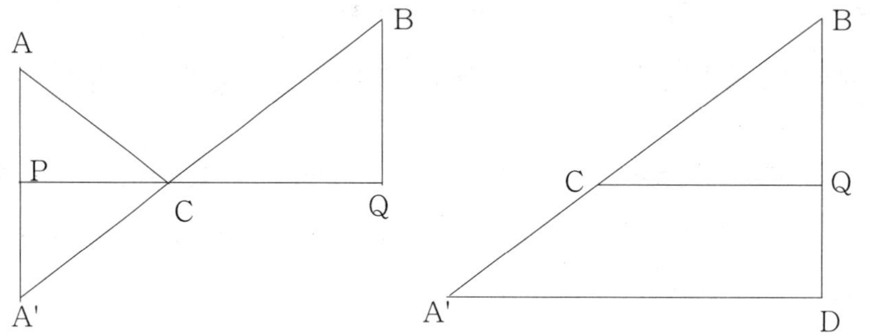

이제 |AP|, |BQ|, |PQ|를 알고 있다면 어떻게 |PC|와 |CQ|를 알 수 있을까? 삼각형 A′DB와 삼각형 CQB는 두 변이 평행하므로 두 삼각형의 변의 길이는 비례한다. 따라서

$$\frac{|CQ|}{|A'D|} = \frac{|BQ|}{|BD|} \quad \text{즉} \quad |CQ| = \frac{|A'D| \cdot |BQ|}{|BD|} .$$

배, 로프와 고리, 위성에서 쏜 레이저 문제들은 관계가 없어 보이지만 그들과 관련된 문제나 비슷한 성격의 많은 다른 문제들을 해결하기 위해 수학을 사용하였다. 문제 1, 2, 3을 해결하기 위해서는 주어진 숫자를 대입하기만 하면 된다. 문제 9에서

$$|CQ| = (1,600)(\frac{500}{800}) = 1,000m$$

이며, $|PC| = 1,600 - 1,000 = 600m$이다.

수학과 예술

수학과 철학, 수학과 공학, 수학과 경제학은 누가 들어도 불편함 없이 서로 관계가 있어 보이고 잘 어울린다고 공감한다. 그러나 수학과 문학, 수학과 예술에서는 아무 관계가 없어 보이고 오히려 강한 것과 부드러운 것의 조화를 표현하듯 반대성질의 학문을 대립시킨 느낌을 가질 수 있다. 그러나 수학을 연구하는 사람들은 '수학은 지극히 논리적이고 합리적인 예술이다' 라는 사실에 공감할 것이다. 사람이 느끼고 있는 감정, 혹은 사람이 생각할 수 있는 어떤 사건이나 사실을 글로서 표현하는 것이 문학이라면, 그것을 화선지에 그림으로 표현하는 미술이나, 악보위에 곡조로서 나타내는 음악과 같은 예술과 마찬가지로 사고를 논리적인 방법으로 정해진 기호를 사용하여 표현하는 예술이 수학이라 할 수 있다. 기호로 나타난 수식이나 전개를 읽고 논리적인 이론을 전개할 수 있고, 질서 정연한 이론을 깔끔하고 아름답게 기호로 표현할 수 있는 학문이 수학이라는 생각을 한다. 추상적인 이론을 다루는 수학이론에서도 실질적인 예제를 실직선이나 평면에서 들어줄때, 우리 생활에서 일어나고 있는 현상이 같은 모양으로 나타나게 됨을 볼 수 있다. 수학과 예술에서 우리는 여러 가지 닮은 점을 발견할 수 있고, 그 시작은 인류문화의 시작과 함께 50,000년 전으로 거슬러 올라간다.

첫째, 예술가, 수학자, 과학자들은 비슷한 방법으로 사고하며, 현

참조, 수학의 이해, 이상욱 고영미 저.

실과 상상을 오가며 때로는 논리적으로 때로는 직관적으로 추론하고 실험하며 타협한다. 발명가이며 시인이고 물리학자인 덴마크의 하인(P. Hein)은 예술과 과학과 수학의 관계를 잘 보여주는 인물이다. 그는 "나의 분야는 경계를 넘나든다. 내가 글을 쓰든 내가 다른 일을 하든 같은 특징을 갖는다. 그것은 모두 같은 종류의 상상에서 흘러나온다. 내가 시를 쓰든, 기술적인 문제를 해결하든, 나는 같은 것을 생각한다"라고 하였다. 또한 예술에 관하여, "결국, 예술이란 무엇인가? 내부로부터가 아니고서는 예술을 정의할 수 있는 방법은 없다. 예술은 창조적인 과정이고 모든 분야를 포함한다. 아인슈타인의 상대성 이론이 지금은 거의 예술로 여겨지고 있다. 아인슈타인은 바이올린에 있어서보다 물리학에 있어서 더 훌륭한 예술가였다"라고 한다. 그는 수학, 과학, 예술이 밀접한 관계가 있음을 말하고 있다.

둘째, 수학과 예술은 모두 인간에 의하여 창조되었으며 문화의 영향을 크게 받는다. 수학과 예술은 인간의 독창력과 상상력의 산물이다. 세잔느(Cezanne)는 "나는 자연을 모방하는 것이 아니라 표현 한다"라고 하였다 자연을 표현하는 방법은 아주 다양하다. 어떤 인디언들은 노란색과 초록색을 구별하지 않으며, 에스키모인들은 흰색을 표현하는 단어가 30여개라고 한다. 이것은 색에 관한 생각도 우리의 판단과 문화에 의해 결정 된다는 것이다. 수학에 있어서도 유클리드는 "평행인 직선들은 만나지 않는다"라는 평행선 공준을 주장하였다. 그러나 무한한 두 직선의 끝이 만나지 않는다는 증명을 어찌 할 수 있는가? 평행한 직선들이 무한 원점에서 만나는 기하들이 존재함을 비유클리드 기하에서 볼 수 있다.

또한 고대에는 금기로 여겨졌던 무리수나 무한의 개념이 현재에는 유리수나 유한의 개념과 마찬가지로 쓰여 지고 있다.

셋째, 수학과 예술의 닮은 점은 무모순성이다. 어떤 업적을 수학이나 예술로 인정하기 위해서는 그것이 조화롭고 모순이 없어야 한다.

넷째, 수학과 예술은 조화를 찾고, 구조와 형태를 찾고, 패턴을 찾으려고 한다. 고대 그리스인들은 처음으로 수의 패턴을 추상화하였다. 그리스인들은 자갈돌을 삼각형, 사각형, 오각형 등의 형태로 나열하였고 셈(calculate)이라는 단어는 돌이라는 뜻을 가진 라틴어에서 온 것이라 한다.

1. 닮음의 비

책, 노트, 신문, 복사용지 등의 가로와 세로의 비는 얼마인가? 한번도 절단하지 않은 종이를 전지라 하고, 1번 끊은 종이를 2절지, 2번 끊은 종이를 4절지, … 라고 한다. 한번 절단한 종이의 가로 세로의 비가 원래 종이의 비와 같으면 아주 편리한 점이 있다. 절약정신이 투철했던 독일에서는 독일 공업규격위원회를 선두로 종이를 낭비하지 않는 방안을 연구하여 닮은꼴을 이용하게 되었다. 원래의 모양과 절반으로 자른 모양이 닮은꼴이 되는 비율로 전지를 만들어 종이가 낭비되지 않게 하였던 것이다. 그렇게 하기 위해서는 다음식이 성립해야 한다.

참조, 아름다운 수학생활, 최영우 저.

$$1:x=\frac{x}{2}:1$$

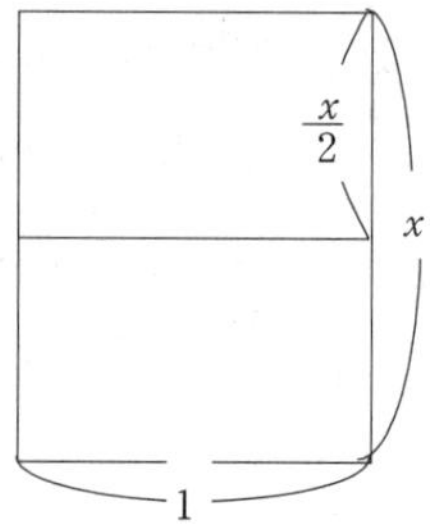

그림 6-1

그러므로

$$\frac{x^2}{2}=1$$

이식으로부터 $x=\sqrt{2}$라는 사실을 얻는다. 이것은 가로와 세로의 비가 $1:\sqrt{2}$임을 의미한다. A용지와 B용지는 가로와 세로의 비가 $1:\sqrt{2}$이다. 이들은 반으로 접으면 A_1, B_1 용지로서 크기는 반으로 줄지만 가로 세로의 비는 $1:\sqrt{2}$이다. 다시 반으로 접으면 A_2, B_2 용지가 되고 마찬 가지로 A_3, B_3, A_4, B_4 용지가 되는데 이들이 모두 가로와 세로의 비를 $1:\sqrt{2}$로 가지고 그 면적은 $1, \frac{1}{2}, \frac{1}{2^2}, \frac{1}{2^3}, \frac{1}{2^4}, \cdots$으로 작은 용지가 된다. 다음은 A판과 B판의 규격을 나타낸 표이다.

표 6-2

A판	규격	B판	규격
A_0	$841\times1189=1\ m^2$	B_0	$1030\times1456=1.5\ m^2$
A_1	$594\times841=1/2\ m^2$	B_1	$728\times1030=1.5/2\ m^2$
A_2	$420\times594=1/2^2\ m^2$	B_2	$515\times728=1.5/2^2\ m^2$
A_3	$297\times420=1/2^3\ m^2$	B_3	$364\times515=1.5/2^3\ m^2$
A_4	$210\times297=1/2^4\ m^2$	B_4	$257\times364=1.5/2^4\ m^2$
A_5	$148\times210=1/2^5\ m^2$	B_5	$182\times257=1.5/2^5\ m^2$
A_6	$105\times148=1/2^6\ m^2$	B_6	$128\times182=1.5/2^6\ m^2$
A_7	$74\times105=1/2^7\ m^2$	B_7	$91\times128=1.5/2^7\ m^2$
A_8	$52\times74=1/2^8\ m^2$	B_8	$64\times91=1.5/2^8\ m^2$

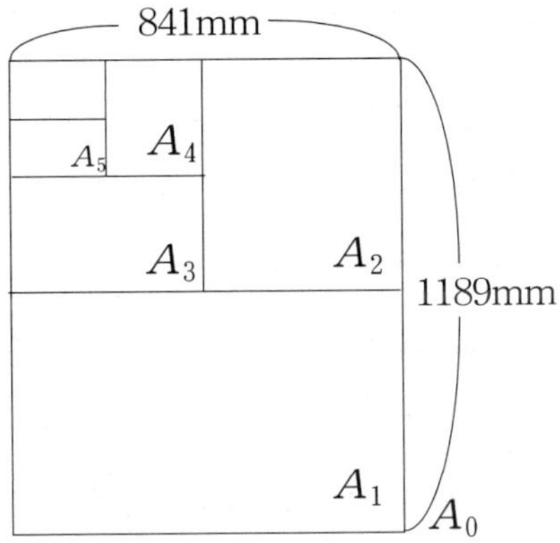

그림 6-3

2. 황금비와 황금사각형

고대 이집트의 피라미드, 아테네의 파르테논 신전, 다빈치나 미켈란젤로의 작품에서 사용되어진 황금비는 그리스의 수학자 에우독소스에 의해 명하여졌다. 황금은 시간이 지나도 변하지 않는 아름다움을 지니고 있으며 어디서나 그 가치를 인정받는다. 황금비는 황금의 이러한 성질을 갖고있다는 점에서 주어진 이름이다.

그리스의 철학자 피타고라스(B. C. 572-492)는 황금비에 대한 찬사를 다음과 같이 하였다. "황금비는 이 세상의 모든 피조물에 존재한다. 사람의 키와 배꼽의 높이의 비를 계산해 보자. 대 신전의 두 벽의 길이의 비, 오각형별의 긴 변과 짧은 변의 길이의 비, 왜 그런가? 전체에 대한 큰 것의 비는 큰 것에 대한 작은 것의 비와 같기 때문이다." 피타고라스는 자신이 세운 학교의 상징으로 황금비가 그려진 별 모양을 사용하였으며, 황금비가 우주의 비밀을 푸는 열쇠라는 사실을 보여주기 위해 자화상의 오른손에 황금비를 담고있는 피라미드를 그려넣고 '우주의 비밀(The Secret of the Universe)'이라는 문장을 새겨넣었다.

고대 희랍철학자 플라톤은 황금비를 '이 세상 삼라만상을 지배하는 힘의 비밀을 푸는 열쇠'라 하였다.

시인 단테는 황금비를 '신이 만든 예술품'이라 칭송하였다.

정 의 6.1. $\frac{\sqrt{5}+1}{2}$을 **황금비**(황금률, golden ratio)라 하고 가로 세로의 비가 황금비인 사각형을 **황금 사각형**(golden rectangle)이라 한다.

오늘날에는 신용카드와 담배 갑의 가로 세로 비율까지 광범위하게 쓰인다. 황금 사각형은 시각적으로 가장 안정되고 아름다운 모양이라고 생각하기 때문에 예술품이나 건축물에 많이 적용된다. 펜타곤(Pentagon)이라 불리우는 미국 국방부의 건물이 정오각형이다. 오각형의 각 꼭지점을 이은 선분들은 전체 길이와 긴 쪽의 길이의 비가 긴 쪽과 짧은 쪽의 길이의 비와 같아진다. 이 조건을 만족하는 점을 **황금 분할점**이라 한다.

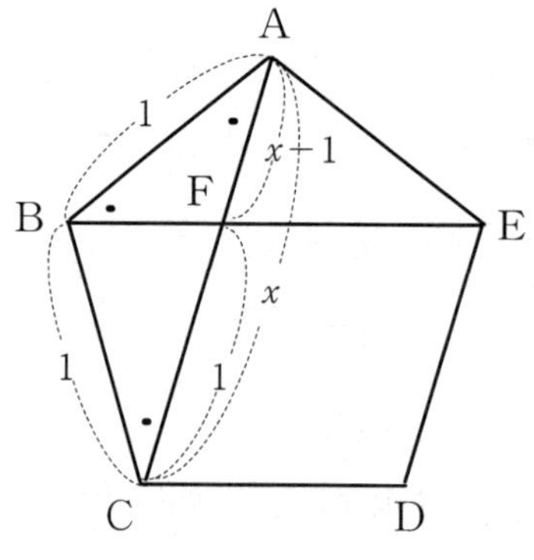

그림 6-4

$\triangle ABE$와 $\triangle BCA$는 합동인 이등변삼각형이다.

$$\angle BCA = \angle CAB = \angle ABE$$

그러므로 $\triangle ABC$와 $\triangle BFA$는 닮은 삼각형이다. 그러므로

$$\frac{\overline{FA}}{\overline{BC}} = \frac{\overline{AB}}{\overline{CA}}$$

이다. $\triangle CBF$는 이등변삼각형이므로 $\overline{BC} = \overline{FC}$ 이고

$$\frac{\overline{FA}}{\overline{CF}} = \frac{\overline{AB}}{\overline{CA}}$$

이다. $\overline{AB} = \overline{BC} = \overline{CF} = 1$, $\overline{CA} = x$라 두면 $\overline{FA} = x-1$이다. 그러므로

$$\frac{x-1}{1} = \frac{1}{x}$$

이다. 즉 $x^2 - x - 1 = 0$이다. 이차방정식의 양의 근을 구하면

$$x = \frac{1+\sqrt{5}}{2} = 1.618$$

이다. 한변의 길이가 1인 정오각형의 대각선의 길이는 1.618이다.

선분을 황금비로 나누어 보자. 그림 6-5에서 선분 AB 상의 점 P가 황금 분할점이라 하면

$$\overline{AB} : \overline{AP} = \overline{AP} : \overline{PB}$$

이다. 즉,

$$\overline{AP}^2 = \overline{AB} \cdot \overline{PB}$$

이다.

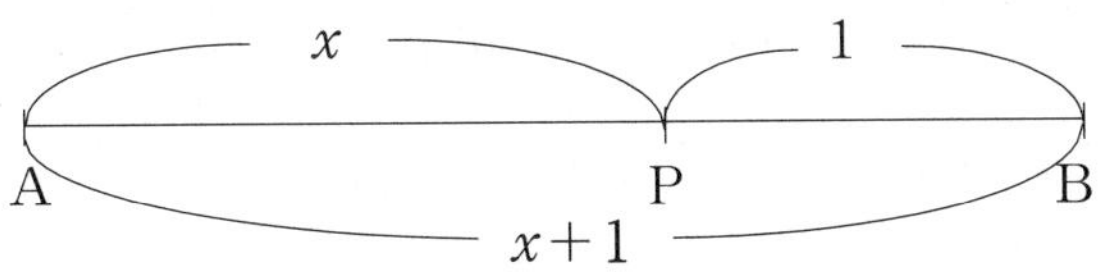

그림 6-5

이때 AP의 길이를 x, 선분 PB의 길이를 1이라 하면

$$x:1=x+1:x$$

이고

$$x^2-x-1=0$$

이므로 이차 방정식의 양의 근은

$$x=\frac{1+\sqrt{5}}{2}$$

이다. $\sqrt{5}≒2.236$이므로 $x≒1.618$이다.

따라서 황금 분할은 선분의 길이를 황금비인 1.618 : 1의 비로 나눈 것이다.

가로 세로의 비가 황금비인 황금 사각형 작도 중 하나는 다음과 같다. 그림 6-6과 같이 길이 1인 정사각형 $ABCD$에서 AB의 중점을 E라 하면 $EC=\frac{\sqrt{5}}{2}$가 된다. E를 중심으로 반경을 EC로 하는 원이 AB의 연장선과의 교점을 F라 한다. F에서 DC의 연장선에 수선의 발을 G라 하면

$$가로=AF=\frac{1+\sqrt{5}}{2}$$

이고

$$세로=AD=1$$

이므로 가로 세로의 비는, 황금비가 되어 황금 사각형 $AFGD$를 얻는다.

참조, 수학의 이해, 이상욱 고영미 저.

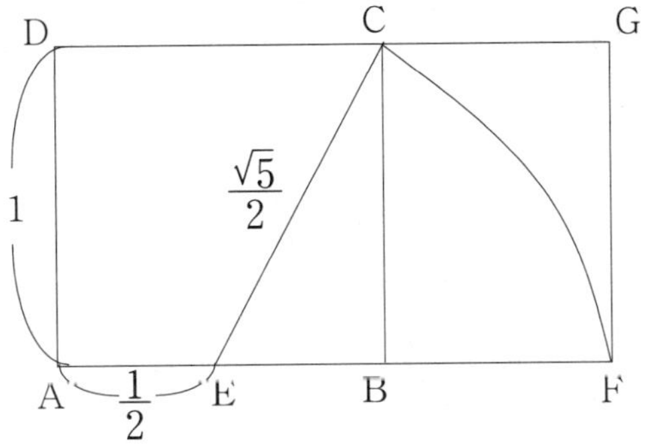

그림 6-6

황금비를 τ라 두면

$$1+\frac{1}{\tau}=1+\frac{2}{1+\sqrt{5}}=\frac{\sqrt{5}+3}{\sqrt{5}+1}=\frac{1+\sqrt{5}}{2}=\tau$$

이다. 즉

$$1+\frac{1}{\tau}=1.618$$

이다. 또한,

$$\frac{1}{\tau}=\tau-1=0.618$$

$$\tau^2=\tau(1+\frac{1}{\tau})=\tau+1=2.618$$

이다. 또한 그림 6-6에서 작은 사각형 $BFGC$도 황금 사각형이다. 왜냐하면 그림 6-7 와 같이 $DG=l$, $AD=w$라 하면

$$\frac{l}{w}=\tau=1+\frac{1}{\tau}=1+\frac{w}{l}=\frac{l+w}{l}$$

그러므로 $l^2=w(l+w)$. 따라서 $w^2=l^2-wl=l(l-w)$이다. 즉 $\frac{GF}{BF}=\frac{w}{l-w}=\frac{l}{w}=\tau$이고 작은 사각형 $CBFG$도 황금사각형이다.

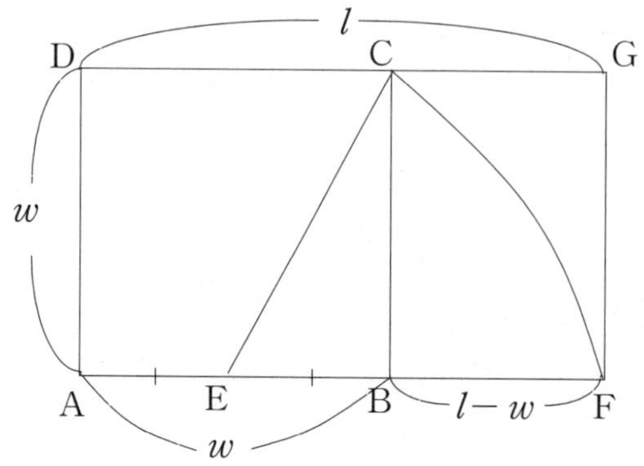

그림 6-7

3. 생활 속의 황금비

우리 주변에 있는 물건들을 살펴보면 사각형이나 원 모양을 많이 찾아볼 수 있으며 사각형의 모양에서 우리는 황금비를 만날 수 있다. 명함은 대부분 90mm × 54mm, 89mm × 54mm, 86mm × 51mm로서 1.66, 1.64, 1.68의 비율을 가진다. 신용카드, 전화카드도 가로 세로가 86mm × 54mm로 황금비에 가까운 비율을 가진다. 그 외에도 엽서, 담배 갑, 인화지 등의 가로 세로 비가 황금비에 가깝다. 이것은 **황금비가 사람에게 심리적인 안정감과 미적인 조화를 주기 때문이다.** 서양의 고서도 가로 세로 비가 황금비에 가까우며 시중의 시집은 125mm × 209mm로 황금비에 가깝다.

사진 촬영 시 구도를 잡을 때에도 황금비가 사용되어 진다. 구도에는 여러 가지 종류가 있지만 안정된 구도를 사용하고자 할 때는 정해진 법칙과 비율로써 황금비를 적용한다고 한다. 이것을 황금분할 구도라 한다.

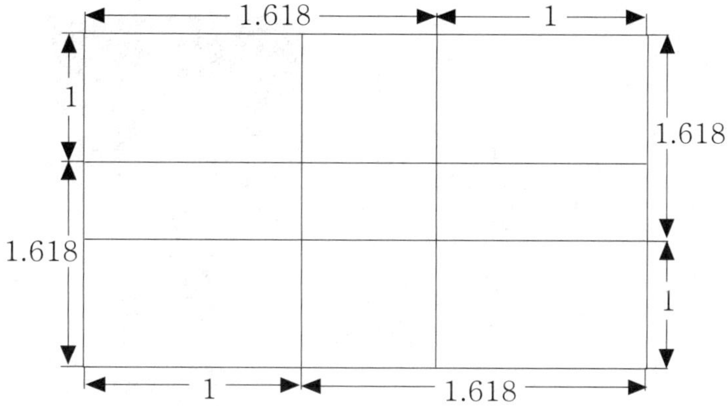

그림 6-8

사람의 신체의 여러 부분에서도 황금비를 찾을 수 있다. 손가락 마디 사이의 길이의 비율은 황금비이다. 배꼽을 중심으로 상반신과 하반신, 머리끝에서 목까지와 목에서 배꼽까지, 발끝에서 무릎까지와 무릎에서 배꼽까지, 목에서 코끝까지와 코끝에서 머리끝까지의 비율이 황금비를 이룬다. 계란형의 미인이라 하는 얼굴의 둘레에 사각형을 그리면 역시 황금비를 찾을 수 있고, 얼굴 속에서도 황금비를 많이 발견할 수 있다.

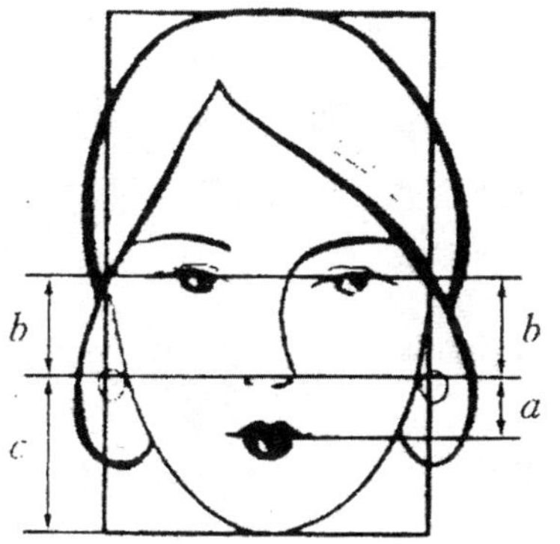

그림 6-9

참조, 황금비에는 황금이 있다, 김미자 외 5人 저.

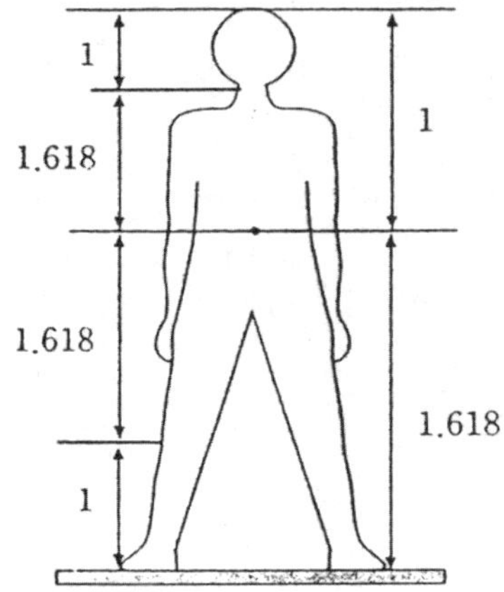

구약성서 사무엘상 17장에 나오는, 적군의 거인 장수 골리앗을 돌팔매로 쓰러뜨린 소년 영웅이다. 두산 세계대백과 EnCyber.

그림 6-10

이집트 피라미드 구조 속에도 황금비가 숨어있다. B. C. 2550년경 제 4왕조 때 만들어진 쿠푸왕의 피라미드가 가장 많이 알려져 있는데, 높이가 146.5m, 밑면의 한 변의 길이는 약 230m, 밑면의 둘레가 921.4m가 된다. 이 사각뿔의 밑면과 경사면이 이루는 각도는 51° 51'이고 밑면의 한 변의 중심에서 밑면의 중심에 이르는 길이와 꼭지점에 이르는 길이의 비가 황금비를 만든다.

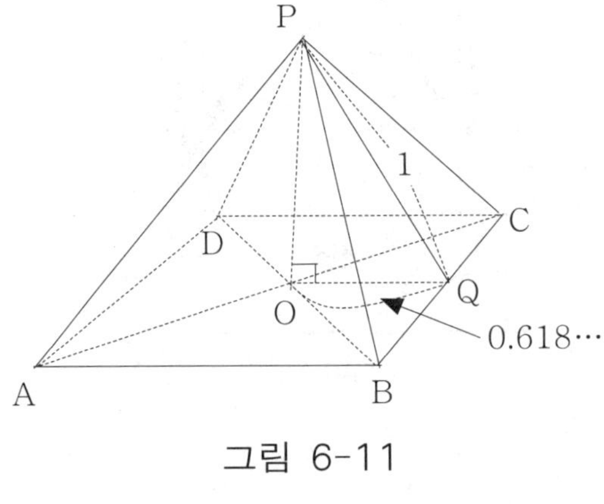

그림 6-11

$\frac{|PQ|}{|OQ|} \fallingdotseq 0.618$

또한 높이 $|OP|$에 2π를 곱하면 피라미드의 밑면의 둘레값 (0.618×8)이 되는데, 이것은 피라미드의 둘레가 피라미드의 높이를 반지름으로 하는 원의 둘레와 같다는 것이다.

B. C. 400년경에 만들어진 아테네의 파르테논 신전의 외부 윤곽은 황금 사각형이고, 신전 기둥의 윗부분은 전체 높이를 황금분할 한다.

시계광고속의 시계는 대부분 10시 10분을 가르키고 있다. 시계바늘을 연장하여 만든 대각선에서 생기는 사각형은 황금사각형이다.

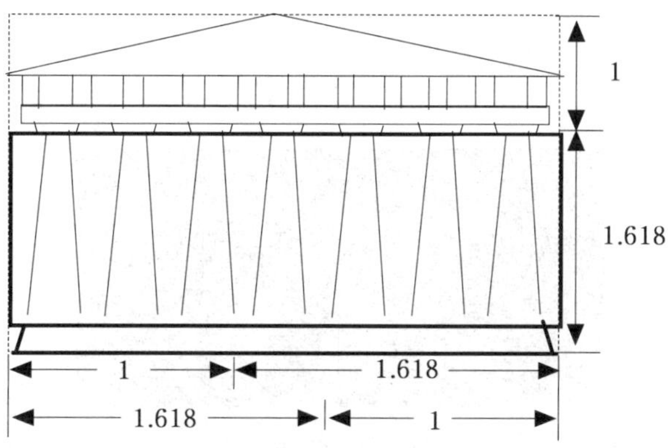

그림 6-12

또한 황금 사각형은 미술과 자연에서 찾아 볼 수 있는 곡선들을 작도 하는데 사용될 수 있다. 이 곡선들 중의 하나가 대수적 나선(logarithmic spiral)이다. 황금 사각형에서 시작하여 긴 변을 따라 정사각형을 붙여 다른 황금 사각형을 그릴 수 있다. 이렇게 계속하여 얻은 황금 사각형의 모서리를 교대로 지나는 곡선을 그린다. 그러면 그림 6-11과 같이 한 나선을 얻는데 이 나선은 고동이나 소라, 파인애플, 솔방울, 해바라기의 꽃 머리에서 나타난다.

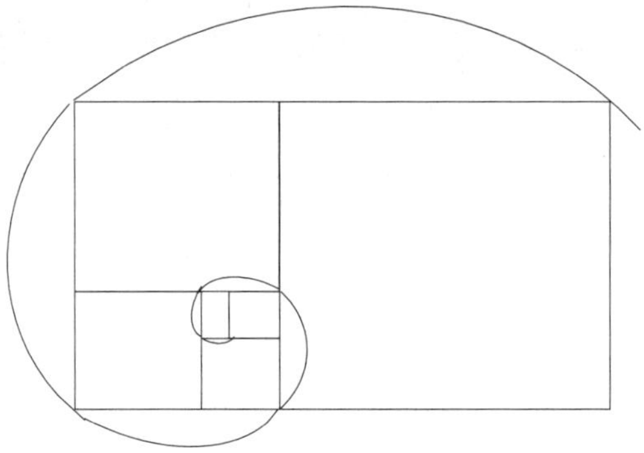

그림 6-13 대수적 나선

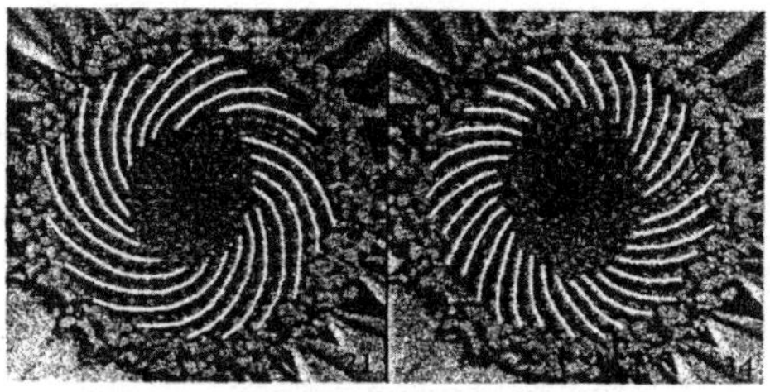

해바라기씨 배열

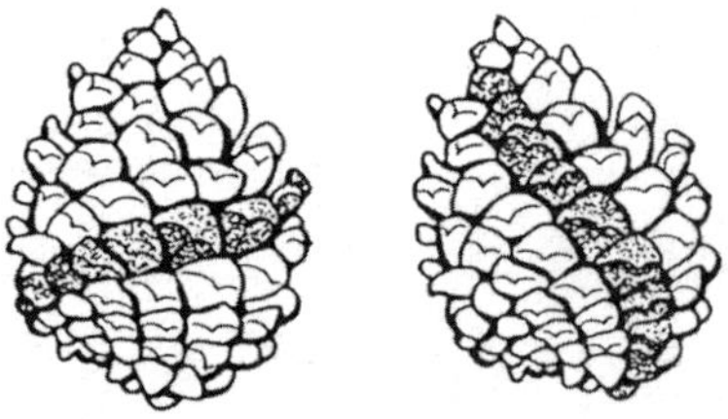

솔방울의 나선

파인애플의 외피 배열

그림 6-14

4. 피보나치 수열

암수 한 쌍의 토끼가 한 달 후에 암수 한 쌍의 토끼를 낳으며, 각 쌍의 토끼가 매달 한 쌍씩 토끼를 낳는다고 가정할 때, 이 한 쌍의 토끼로부터 1년 동안 몇 쌍의 토끼가 번식될까? 이때 태어난 모든 한 쌍의 토끼는 생 후 2 개월이 되면 한 쌍의 토끼를 낳고, 그 뒤에도 매달 한 쌍의 토끼를 낳고, 토끼가 죽지 않는 것으로 한다.

	새 끼	어 미	합 계
1 개월	1 쌍		1 쌍
2 개월		1 쌍	1 쌍
3 개월	1 쌍	1 쌍	2 쌍
4 개월	1 쌍	2 쌍	3 쌍
5 개월	2 쌍	3 쌍	5 쌍
6 개월	3 쌍	5 쌍	8 쌍
7 개월	5 쌍	8 쌍	13 쌍
8 개월	8 쌍	13 쌍	21 쌍
9 개월	13 쌍	21 쌍	34 쌍
10 개월	21 쌍	34 쌍	55 쌍
11 개월	34 쌍	55 쌍	89 쌍
12 개월	55 쌍	89 쌍	144 쌍

12 개월째에는 144쌍의 토끼가 생긴다.

피보나치(Fibonacci)로 알려진 피사의 레오나르도(Leonar do of Pisa, 1170-1250)가 1202년에 소개한 다음의 수열을 보자

1, 1, 2, 3, 5, 8, 13, 21, 34, …

모든 숫자가 앞선 두 숫자의 합이다. 이 수열은 19세기 정수론학자 루카스(E. Lucas)에 의해 연구 되었으며 **피보나치 수열**(Fibonacci sequence)이라 불리어 졌다. 피보나치 수가 적용된 예는 우리주변에서 많이 나타난다.

꽃잎을 세어보면 거의 모두가 3장, 5장, 8장, …으로 된 것을 볼 수 있다. 백합과 붓꽃은 꽃잎이 3장, 채송화, 패랭이, 동백, 야생장미는 5장, 참제비 고깔, 모란, 코스모스는 8장, 금불초와 금잔화는 13장, 목향과 치코리는 21장, 질경이, 데이지는 34장, 쑥부쟁이는 종류에 따라 55장과 89장이다.

해바라기나 데이지 꽃 머리의 씨앗배치에도 피보나치 수열은 존재한다. 최소 공간에 최대의 씨앗을 촘촘히 배치하는 최적의 수학적 해법이다. 데이지 꽃 머리에는 시계방향의 나선 34개와 시계반대방향의 나선 55개가 있고 해바라기 꽃 머리에는 반대방향의 나선 55개와 89개가 있다.

식물의 가지치기와 잎차례에서도 피보나치 수열을 발견 한다. 식물의 가지는 어느정도 자라다가 가지치기를 하는데 한 개의 가지는 주가지의 방향과 약간 달리하여 새로나는 부가지로 나누어 가지를 친다. 어느정도 자란 주가지는 다시 주가지와 부가지로 나누어 지지만 부가지는 가지를 치지 않다가 다음 단계에서 주가지가 가지치기를 할 때 함께 가지치기를 한다. 각 단계에서 생기는 가지수를 조사해보면 1, 2, 3, 5, 8, …으로 피보나치 수열을 이룬다.

잎이 돌려나는 개수를 조사해보면 2개의 잎이 양옆으로 마주나는 겨우, 2회전에 걸쳐서 5개의 잎이나는 경우, 그리고 3회전에 걸쳐서 8개의 잎이나는 경우가 있다. 한 잎에서 다음 잎이 나기까지의 회전하는 비를 잎차례라 한다. 잎차례는 줄기에서 잎이 나와 배열하는 방식으로 t/n으로 표시하는데 t번 회전하는 동안 잎이 n개 나오는 비율이다. 참나무, 벚나무, 사과나무는 2/5이고, 포플러, 장미, 배, 버드나무는 3/8, 갯버들과 아몬드는 5/13이다. 이것은 식물의 잎은 햇빛을 받아 광합성을 하여 양분을 만드는 기관이고 가지는 그 양분을 전달하는 기관이므로 바로위의 잎에 가리지 않고 잎이나 가지가 햇빛을 최대한 받을 수 있는 수학적 해법이기 때문이다.

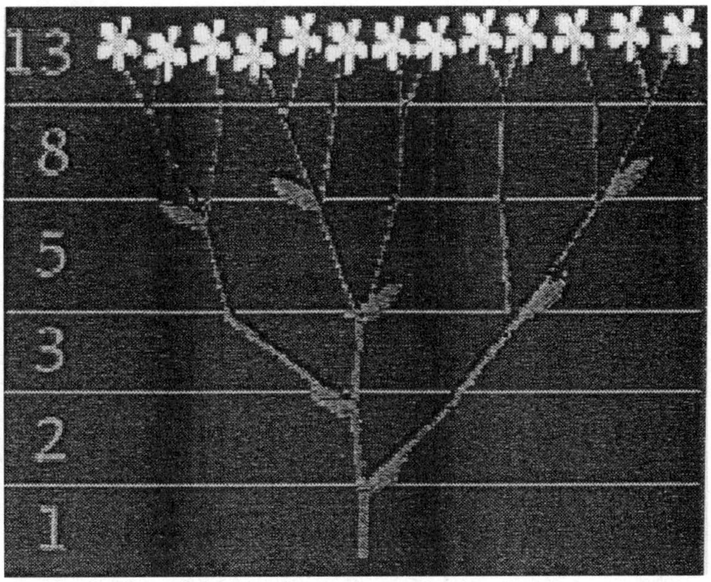

나무가 자라면서 쳐 나가는 가지의 수도 피보나치 수열에 따라 늘어난다.

그림 6-15

음악의 거장 바르토크는 피보나치 수열에 따라 음악의 마디를 나누고 황금 분할점에 클라이막스를 두고 음악을 제창하기도 했다. "현악기, 타악기, 첼리스트를 위한 음악"에서 1장은 89마디로 구성되었고, 처음에는 피아니시모로 시작하여 점점 강해지고 55마디에서 클라이막스에 이른다. 55마디 앞부분은 34와 21마디로, 또 34마디는 21마디와 13마디로, 21마디는 13마디와 8마디로 나누어진다.

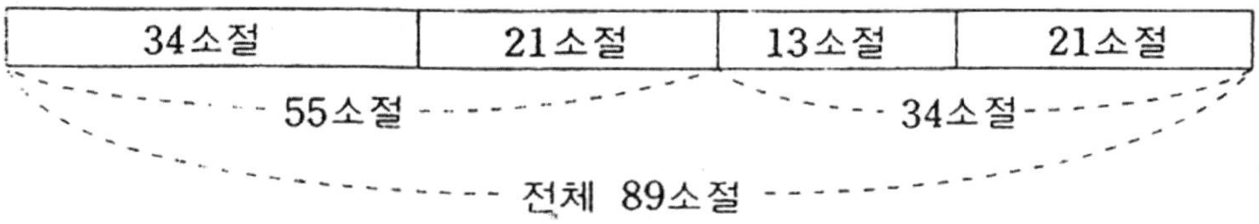

그림 6-16

한 옥타브는 8음계, 피아노건반은 한옥타브를 13음계로 하얀건반 8개, 검은건반 5개이고, 검은건반은 2개와 3개로 나누어진다.

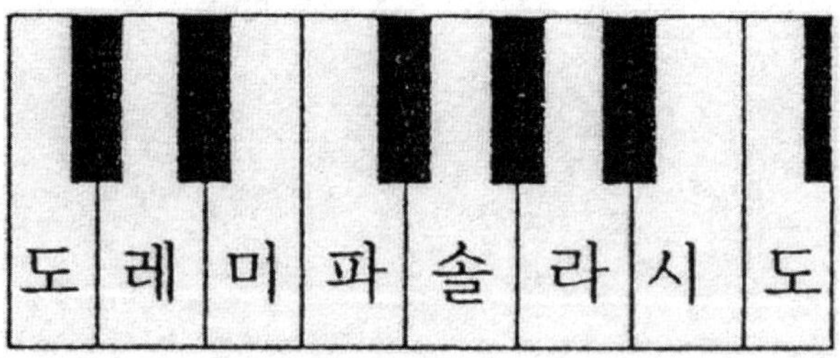

그림 6-17

5. 피보나치 수열과 황금비

피보나치 수열의 연속하는 수들의 비는 황금비에 접근 한다

$\frac{2}{1}, \frac{3}{2}, \frac{5}{3}, \frac{8}{5}, \frac{13}{8}, \cdots$

이 수열은 1.618…에 수렴하는 것을 소수로 계산하면 볼 수 있는데 그 이유는 다음과 같다.

$\tau=1+\frac{1}{\tau}$이므로 τ에 $\frac{1}{\tau}$을 대입하면

$$\begin{aligned}\tau &= 1+\cfrac{1}{1+\cfrac{1}{\tau}}\\ &= 1+\cfrac{1}{1+\cfrac{1}{1+\cfrac{1}{\tau}}}\\ &= \cdots\end{aligned}$$

이 과정을 계속하면 $\frac{1}{\tau}$은 점점 작아져서 중요하지 않게 된다. 그러면 τ는 다음의 수열에 접근한다.

$$\begin{aligned}2 &= 1+1,\\ \frac{3}{2} &= \frac{2+1}{2} = 1+\frac{1}{1+1},\\ \frac{5}{3} &= \frac{3+2}{3} = 1+\cfrac{1}{\cfrac{3}{2}} = 1+\cfrac{1}{1+\cfrac{1}{1+1}},\\ \frac{8}{5} &= \frac{5+3}{5} = 1+\cfrac{1}{\cfrac{5}{3}} = 1+\cfrac{1}{1+\cfrac{1}{1+\cfrac{1}{1+1}}} \cdots\end{aligned}$$

이 수열은

$2, \frac{3}{2}, \frac{5}{3}, \frac{8}{5}, \cdots$

이나. 즉 이 수열의 극한치가 $\tau=1.618\cdots$이 된다.

6. 뽀앙소의 별(Poinsot Stars)

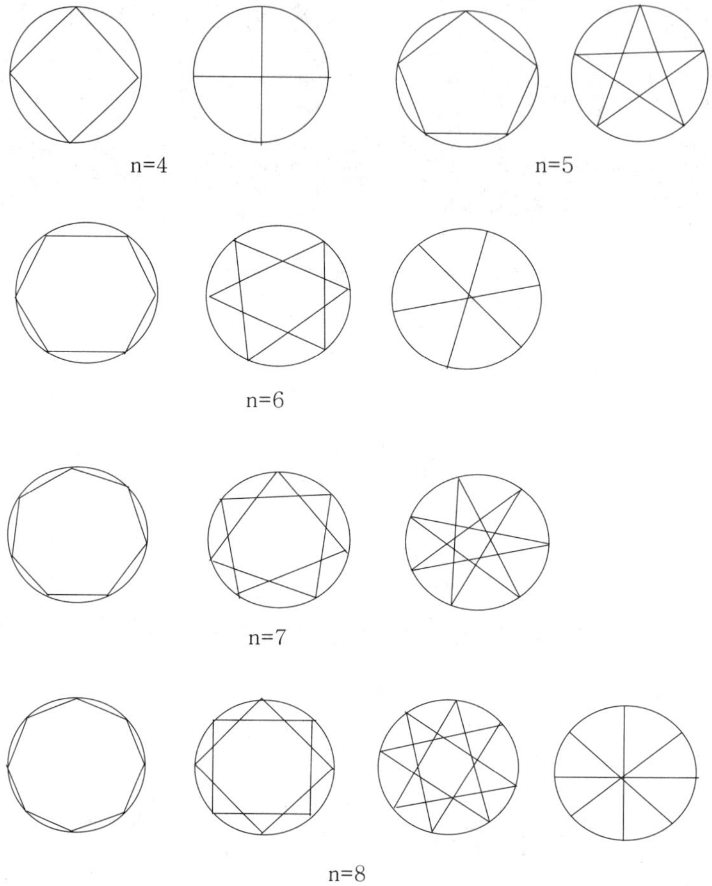

그림 6-18

앞 절에서 우리는 자연과 예술 그리고 생활 속에서 수학 또는 수학적 법칙을 찾아보았다. 그러나 수학 속에도 예술이 있음을 발견하게 된다. 19세기 초 뽀앙소는 원위에 일정한 간격으로 점을

참조, 수학의 이해, 이상욱 고영미 저.

찍고 이 점들을 일정수의 점들을 건너가며 선분으로 연결하였다. 연속한 점들을 연결하기도 하고, 한점씩 혹은 몇 점씩 건너 이웃한 점들을 연결하였다. 이러한 식으로 얻어진 기하적 도형을 **뽀앙소의 별**(Poinsot Stars)이라 한다.

뽀앙소의 별이 n개의 꼭지점을 가지면 n을 그 별의 **위수**(order)라 한다. 위수가 n인 뽀앙소의 별 중에는 정n다각형이 한 개있다. 각 위수에 대하여 생기는 모든 뽀앙소의 별들을 포개면 그림 6-19과 같이 재미있는 디자인이 주어진다.

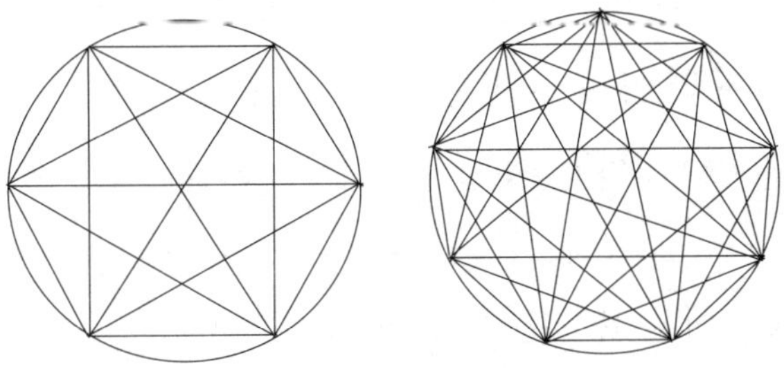

그림 6-19

위수가 n인 뽀앙소의 별은 몇 개일까? 그림 6-18에서 위수가 4일 때 2개, 위수가 5일 때 2개, 위수가 6일 때 3개, 위수가 7일 때 3개, 위수가 8일 때 4개임을 보았다.

위의 사실에서 위수 n이 짝수이면 $\frac{n}{2}$개 이고, 위수 n이 홀수이면 $\frac{n-1}{2}$임을 보게 된다. 이것을 수학적으로 살펴보자. 위수가 5인 경우, 연속하는 점들을 연결하면 $1+4=5$이므로 네 번째 점과 연결하는 것과 같다. 한점 건너 한점씩 연결 하는 것은 $2+3=5$이므로 세 번째 점과 연결하는 것과 같다. 5를 두개의 자연수의 합으로 나타내는 방법은 두 가지이므로 위수가 5인 뽀앙소의 별의 개수는 2이다. 일반적으로 위수가 n인 뽀앙소의 별의 개수는 n을 두 자연수의 합으로 나타내는 방법의 가지 수와 같다. 그러므로 n이 짝수이면 $\frac{n}{2}$가지, n이 홀수이면 $\frac{n-1}{2}$가지이다.

7. 나머지 디자인

뽀앙소의 별은 원주 상에 같은 간격의 점을 찍어 규칙적으로 만들어 내는 디자인이다. 마찬가지로 원주 상에 같은 간격의 점 $n-1$개를 찍고 $n-1$보다 작은 자연수 m을 사용하여 (n, m)-나머지 디자인을 그려 보고자 한다. 나머지 디자인을 소개하기 위하여 정수론의 간단한 이론을 먼저 소개한다.

정 의 6.2. 두 정수 n, k와 자연수 m에 대하여 $n-k$가 m으로 나누어 질 때 n과 k는 m을 법으로 하는 **합동**(congruence)이라 하고 $n \equiv k(\bmod m)$으로 적는다.

임의의 정수 n과 자연수 m에 대해서 n은 $0, 1, 2, \cdots, m-1$ 중 하나와 m을 법으로 하는 합동이다. 이때 $0, 1, 2, \cdots, m-1$은 **m을 법으로 하는 나머지**(residue)라 한다.

예 제 6.3. $m=5$일 때 m을 법으로 하는 나머지는 $0, 1, 2, 3, 4$이다. $6 \equiv 1(\bmod 5)$이고 6과 1 은 5를 법으로 하는 합동이다. $7 \equiv 2(\bmod 5)$

이고 7 과 2 는 5를 법으로 하는 합동이다. 5를 법으로 하는 나머지 0,1,2,3,4에 대하여 각각 합동인 수들을 구해보면, 0과 합동인 수들의 집합은 $\{\cdots,-10,-5,0,5,10,\cdots\}$이고 1과 합동인 수들의 집합은 $\{\cdots,-9,-4,1,6,11,\cdots\}$이다. 마찬가지로 다른 나머지들에 대해서도 합동인 수들의 집합을 구할 수 있다.

정 의 6.4. 임의의 두 정수 n, l에 대해서 $n+l$을 m으로 나눈 나머지가 k이면 $n+l\equiv k(\bmod m)$이고 이것을 두 수의 합 $n+l$**의** m**을 법으로 하는 합**으로 정의한다. nl 을 m으로 나눈 나머지가 r이면 $nl\equiv r(\bmod m)$이고 이것은 nl **의** m**을 법으로 하는 곱**으로 정의한다.

실제로 $n\equiv k_1(\bmod m)$, $l\equiv k_2(\bmod m)$,

$0\le k_1,\ k_2\le m-1$이면

$n+l\equiv k_1+k_2$, $nl\equiv k_1k_2(\bmod m)$이다. 왜냐하면

$n=mn_1+k_1$, $l=ml_1+k_2$라 두면

$$n+l=m(n_1+l_1)+(k_1+k_2)$$

$nl=(mn_1+k_1)(ml_1+k_2)=m(n_1ml_1+k_2+k_1l_1)+k_1k_2$이다.

두 자연수 n, m에 대하여 (n,m)-나머지 디자인을 그려보자.

단계 1. 원을 $n-1$등분하여 각 점을 $1,2,\cdots,n-1$이라 한다.

단계 2. 각 점에 m을 곱한 수가 m을 법으로 하는 나머지와 선분으로 연결한다.

예 제 **6.5.** (7, 3)-나머지 디자인과 (7, 4)-나머지 디자인을 구하라

$3 \cdot 1 \equiv 3 \pmod 7$	$4 \cdot 1 \equiv 4 \pmod 7$
$3 \cdot 2 \equiv 6 \pmod 7$	$4 \cdot 2 \equiv 1 \pmod 7$
$3 \cdot 3 \equiv 2 \pmod 7$	$4 \cdot 3 \equiv 5 \pmod 7$
$3 \cdot 4 \equiv 5 \pmod 7$	$4 \cdot 4 \equiv 2 \pmod 7$
$3 \cdot 5 \equiv 1 \pmod 7$	$4 \cdot 5 \equiv 6 \pmod 7$
$3 \cdot 6 \equiv 4 \pmod 7$	$4 \cdot 6 \equiv 3 \pmod 7$

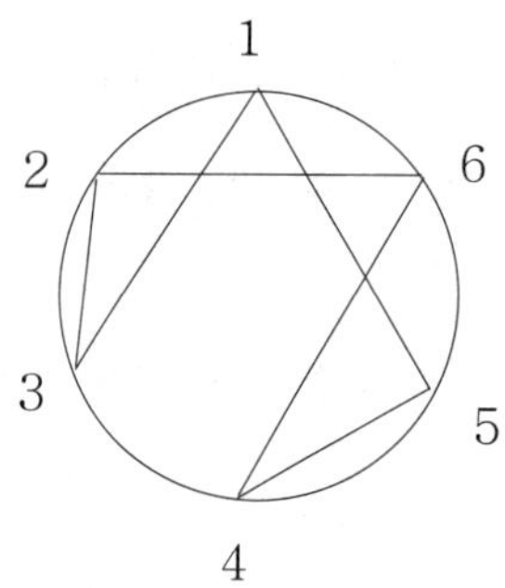

(7,3)-나머지 디자인

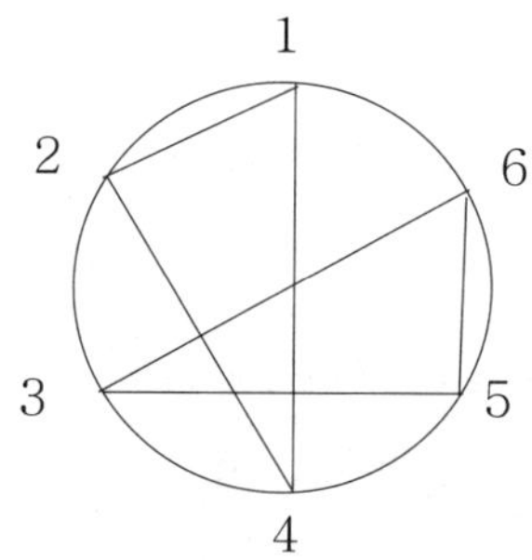

(7,4)-나머지 디자인

그림 6-20

7 집합과 함수

백과사전이나 문학전집과 같이 여러 권의 책을 묶어서 전집을 말할 때 백과사전 한 세트, 문학전집 한 세트라 한다. 그릇을 판매하는 상점에서는 같은 그림의 그릇이나 같은 모양의 크기가 다른 그릇들을 모은 것을 역시 그릇 한 세트라 한다. 세트(set)는 같은 성질 또는 같은 종류의 대상들을 모은 것을 나타낼 때 쓰여 지는 용어로서 집합이라 번역되어 진다. 그러나 생활 속에서는 집합이라기보다는 세트(set)라는 용어로 우리에게 더 익숙하게 사용되어 지고 있다.

집합이라는 용어가 수학에서 사용되어진 것은 19세기부터이고 집합이론으로 자리 잡은 것은 칸토어에 의해서이다. 길지 않은 역사를 가진 집합론이지만 현대수학은 집합 없이는 어떤 이론도 말할 수 없을 정도로 중요한 위치에 있으며, 대부분의 수학이론의 기초가 집합론 위에 세워져 있다. 본 장에서는 수학에서 다루고 있는 집합과 함수의 기본 성질을 소개하고 생활 속에서 응용되어 지고 있는 예를 살펴보기로 한다.

1. 집합과 성질

엄밀한 수학이론을 적용하지 않는다면 어떤 성질을 만족하는 대상을 모은 것을 **집합**이라 정의 한다. 책장에 꽂혀 있는 책들의 모임은 한 집합이 되어지고, 그 책들은 집합의 원소가 되어진다. 한 학과에 개설된 학과목들의 모임은 한 집합이 되고 개설된 과목들은 그 집합의 원소가 된다. 집합의 구성에서 어떤 성질을 만족하는 대상들을 모을 때 그 성질은 대상이 그 집합의 원소가 되는지 되지 않는지 명확히 구별할 수 있어야 한다. 가령 '키가 큰 사람들의 모임'은 대상이 명확하게 구분되어지지 않는다. 그 성질은 집합을 구성할 수 없다. 그러나 '키가 160cm 이상인 사람들의 모임'은 집합이 되어진다.

자연수들의 모임은 자연수들의 집합으로서 $\{1,2,\dots\}$으로 적는다. 집합의 기호로 $\{\ \}$을 사용한다. $\{1,2,3\}$은 한 집합으로 세 개의 원소 1,2,3을 가진다. 집합의 원소를 나열해서 적는 것을 원소나열법이라 하며 원소를 나열하는 순서에는 관계가 없다. $\{1,2,3\}$, $\{1,3,2\}$, $\{2,1,3\}$ 들은 모두 같은 집합이다.

한 집합 A가 주어져 있을 때, a가 A에 속하는 원소임을 $a \in A$로 나타낸다. 한편 b가 A에 속하지 않을 때 $b \notin A$로 적는다. 집합 $A=\{1,2,3\}$에서 $1 \in A$, $2 \in A$, $3 \in A$이지만 $4 \notin A$이다. 원소를 하나도 가지지 않는 집합을 공집합이라 하고 $\varnothing$로 나타낸다. 키가 5m 이상인 사람들의 모임은 공집합이 되어 진다. 자연수들의 집합을 $\mathbb{N}$으로 적으면 $\mathbb{N}=\{1,2,3,\dots\}$이다. 이때 0은 자연수가 아니므로 $0 \notin \mathbb{N}$이다.

한 집합의 원소 중 일부분을 가져와서 모은 것을 주어진 집합의 부분집합이라 한다. 수학적인 정의는 집합 A의 임의의 원소가 집합 B의 원소일 때 A는 B의 **부분집합**(subset)이라 하고 $A \subseteq B$로 나타낸다. 즉, $a \in A$이면 $a \in B$일 때, $A \subseteq B$라 한다. $A=\{1,2,3\}$은 자연수 전체집합 $\mathbb{N}$의 부분집합이다. 정수들의 집합 $\mathbb{Z}$, 유리수들의 집합 $\mathbb{Q}$, 실수들의 집합 $\mathbb{R}$, 복소수들의 집합 $\mathbb{C}$에 대한 관계는 $\mathbb{N}\subset\mathbb{Z}\subset\mathbb{Q}\subset\mathbb{R}\subset\mathbb{C}$임을 알 수 있다.

A가 B의 부분집합인 경우 $A\subseteq B$로 적는데 이것은 A와 B가 같을 수도 있음을 의미한다. 즉 $\mathbb{N}\subseteq\mathbb{N}$이다. 그러나 A가 B의 부분집합이지만 서로 같지 않을 때 $A\subsetneq B$로 적는다. 이런 경우, A는 B의 **진부분집합**이라 한다. A를 색의 삼원색의 집합, B를 무지개색의 집합이라 하면 A는 B의 진부분집합이다.

우리가 사용하고 있는 실수들의 집합 $\mathbb{R}$ 상에는 더하기, 빼기, 곱하기, 나누기의 4개의 연산이 있다. 이러한 연산을 집합들 사이에도 적용한다. 집합 A와 B의 원소를 다 모은 것을 $A\bigcup B$라 적고 **합집합**이라 하고, A와 B에 공통으로 들어가는 원소를 모은 집합을 $A\bigcap B$라 적고 **교집합**이라 한다. A에는 들어가는데 B에는 들어가지 않는 원소로 구성된 집합을 $A-B$라 한다. A에 속하는 원소 a와 B에 속하는 원소 b를 한 쌍으로 묶어 (a, b)로 적고 **순서쌍**이라 하며 이런 순서쌍을 모두 모은 것을 A와 B의 **카테시안 곱**(cartesian product) $A\times B$라 한다.

$A\bigcup B=\{x|x\in A \text{ 혹은 } x\in B\}$

$A\bigcap B=\{x|x\in A \text{ 그리고 } x\in B\}$

$A-B=\{x|x\in A \text{ 그리고 } x\notin B\}$

$A\times B=\{(a, b)|a\in A \text{ 그리고 } b\in B\}$

집합의 연산을 벤 다이어그램(Venn diagram)으로 표현하여 보면 다음 그림 7-1과 같다.

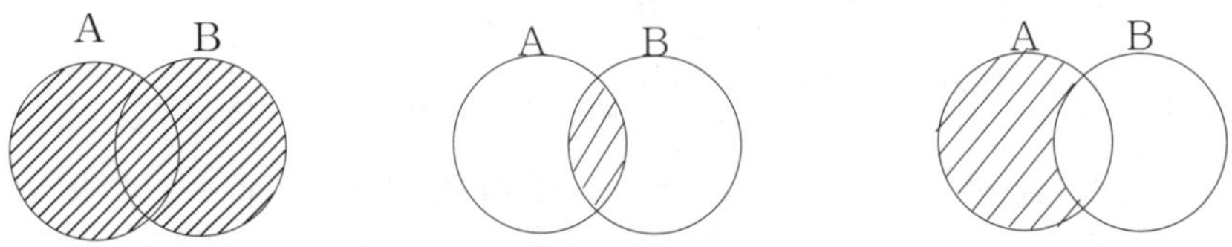

$A \cup B$　　　　$A \cap B$　　　　$A - B$

그림 7-1

한 집합 A의 모든 부분집합을 모은 것은 집합이 되어지고 이것을 A의 **멱집합** $P(A)$라 한다. $A=\{1,2,3\}$의 멱집합은

$$P(A)=\{\varnothing,\{1\},\{2\},\{3\},\{1,2\},\{1,3\},\{2,3\},\{1,2,3\}\}$$

이다. 집합의 원소의 개수는 그 멱집합의 원소의 개수보다 적다는 사실이 밝혀져 있다(칸토어 정리).

집합을 이용한 문제는 다양하게 주어진다. 집합이 응용되어지는 문제를 벤다이어그램을 이용하여 풀어보는 예를 들어 본다.

집합 A의 원소의 개수를 $|A|$라 나타내면

$|A \cup B|=|A|+|B|-|A \cap B|$임을 알 수 있다. 세 개의 집합에 관하여는

$$|A \cup B \cup C|=|A|+|B|+|C|$$
$$-|A \cap B|-|A \cap C|-|B \cap C|+|A \cap B \cap C|$$

이며 이 경우는 임의의 유한개 집합에 관하여 확장 되어 진다. 이 사실을 이용하여 다음 예제를 풀어보자.

예 제 7.1. 학생수가 40명인 학급에서 좋아하는 운동에 관하여

조사 하였다. 축구를 좋아하는 학생이 20명, 야구를 좋아하는 학생이 19명 농구를 좋아하는 학생이 22명 이었다. 한편 축구와 야구를 좋아하는 학생이 12명, 야구와 농구를 좋아하는 학생이 10명, 농구와 축구를 좋아하는 학생이 9명 이었다. 위의 세 가지 운동을 다 좋아하는 학생이 3명이라면, 세 가지 운동 중 어느 것도 좋아하지 않는 학생은 몇 명일까?

풀 이 ☞ 축구를 좋아하는 학생의 집합은 A, 야구를 좋아하는 학생의 집합은 B, 농구를 좋아하는 학생의 집합을 C라 하자. 그러면 $|A|=20, |B|=18,\ |C|=12,$
$|A\cap B|=12, |B\cap C|=10, |C\cap A|=9,\ |A\cap B\cap C|=3$이다. 그러므로

$$
\begin{aligned}
|A\cup B\cup C| &= |A|+|B|+|C|-|A\cap B|-|A\cap C|-|B\cap C|+|A\cap B\cap C| \\
&= 20+19+22-12-10-9+3 \\
&= 33
\end{aligned}
$$

즉, 축구, 야구, 농구 중 어느 한 가지라도 좋아하는 학생은 22명이다. 그러므로 세 가지 운동 중 어느 종목도 좋아하지 않는 학생은 7명이다.

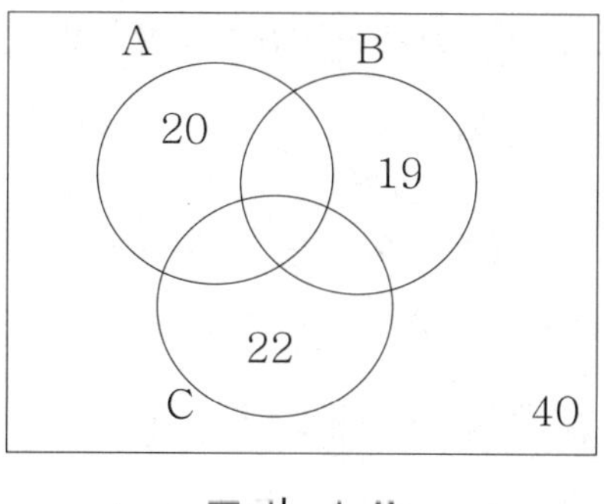

그림 1-2

2. 함수(Functions)

두 개의 집합이 주어져 있고 한 집합 A에서 다른 집합 B로 대응 시켜주는 관계를 생각해 보자. A에 있는 각 원소에 B의 원소를 한 개씩만 대응시켜 주는 관계를 **함수**라 한다. A를 사람들의 집합, B를 달력에 있는 365개의 날들로 주었을 때 각 사람에 자신의 생일을 결합하는 관계는 A에서 B로의 함수가 되어 진다. 또한 A를 우리나라 국민들의 집합, B를 자연수들의 집합이라 하면, 우리나라 국민에게 주민등록번호를 짝지어 주는 관계는 A에서 B로의 함수가 된다. A를 우리나라의 모든 시와 도를 모은 집합, B를 자연수들의 집합이라 하면, 각 지역에 우편번호를 대응하는 것도 A에서 B로의 함수가 된다. 그러나 각 사람에게 자신의 전화번호를 대응시키는 관계는 함수가 아니다. 왜냐하면 전화번호가 없는 사람도 있고 전화번호를 두 개 이상 가진 사람도 있기 때문이다. 두 집합의 원소를 대응하는 관계가 함수가 될 수도 있고 되지 않을 수도 있다. 여기서 함수를 명확하게 이해하기 위하여 함수의 정의를 소개한다.

정 의 7.2. 두 집합 A와 B가 있고 A의 원소를 B의 원소와 짝짓는 대응관계가 있다고 하자.

1) A의 어떤 원소도 B의 한 원소에 대응되어 진다.

2) A의 원소 한 개에 B의 원소 한 개만 대응된다.

위의 두 성질을 만족하는 대응을 A에서 B로의 **함수**라 한다. f를 A에서 B로의 함수라 하면 $f: A \to B$로 나타내고 $a \in A$가 $b \in B$

에 대응 될 때 $f(a)=b$로 적는다. 이때 b는 함수 f에 의한 a의 **값**, 혹은 **상**이라 한다.

자연수들의 집합 ℕ에서 ℕ으로 가는 함수의 예는 많이 있다. 자연수 자신을 자신에 대응하는 관계, 자연수를 그 수의 2배한 수에 대응하는 관계, 자연수에 그 자신의 약수의 개수를 대응하는 관계, 이들은 모두 함수가 된다.

$f: \mathbb{N} \to \mathbb{N} \qquad f(n)=n$

$g: \mathbb{N} \to \mathbb{N} \qquad g(n)=2n$

$h: \mathbb{N} \to \mathbb{N} \qquad h(n)=n$의 약수의 개수

원소를 n개 가지고 있는 집합에 그 집합의 부분집합들의 개수를 대응시키는 것은 집합들의 모임에서 자연수로 대응하는 함수로서 n개의 원소를 가지는 집합 A의 함수 f에 의한 값은 $f(A)=2^n$이다.

$P(\varnothing)=\{\varnothing\}, \qquad \therefore f(\varnothing)=1=2^0$

$P(\{1\})=\{\varnothing, \{1\}\}, \qquad \therefore f(\{1\})=2=2^1$

$P(\{1,2\})=\{\varnothing, \{1\}, \{2\}, \{1,2\}\} \quad \therefore f(\{1,2\})=4=2^2$

10개의 원소를 가지는 집합 A의 부분집합이 2^{10}개임을 보여주기 위하여 $A=\{a_1, a_2, \cdots, a_{10}\}$의 부분집합 $B=\{a_1, a_3, a_5, a_7, a_9\}$를 $(1,0,1,0,1,0,1,0,1,0)$와 대응 시킨다. B에 나타나는 번호의 자리에는 1로, 나다나지 않는 번호의 자리에는 0으로 적으면 부분집합의

개수는 순서짝들의 개수와 같다. A는 $(1,1,\cdots,1)$과 대응되고 $\varnothing$는 $(0,0,\cdots,0)$과 대응된다. 순서짝의 개수는 각 자리에 0과 1을 선택하는 두 가지 방법에 의해서 정해지므로 2^{10}개의 순서짝이 있음을 알 수 있다. 그러므로 A의 부분집합의 개수는 2^{10}개 이다. 마찬가지로 n개의 원소를 가지는 집합 A의 부분집합의 개수는 2^n임을 증명할 수 있다.

정 의 7.3. 함수 $f: A \rightarrow B$가 서로 다른 A의 원소 a와 a'에 대하여 서로 다른 원소 $f(a)$와 $f(a')$을 함수 값으로 가질 때 **단사**(injection, 1-1) 혹은 **일대일 함수**라 한다. 즉,

$a \neq a' \Rightarrow f(a) \neq f(a')$. B의 임의의 원소 b에 대하여 $f(a)=b$가 되는 A의 원소 a가 있을 때 f를 **전사**(surjection, onto)라고 한다. f가 단사이고 전사일 때 **전단사**(bijection) 혹은 **일대일 대응**(one-to-one correspondence)이라 한다.

우리나라 국민 전체의 집합을 A, 우리나라 국민의 주민등록번호 전체집합을 B라 하면 국민을 주민등록번호에 대응시키는 함수는 전단사가 되어진다. 실수의 집합에서 실수들의 집합으로의 모든 일차 함수는 전단사이다. 두 집합의 원소를 중복하지 않고, 빼지도 말고, 한 원소를 다른 한 원소에 한 개씩 서로서로 대응시킬 수 있는 상태를 일대일 대응이라 한다. 전단사 함수는 두 집합의 크기를 비교할 때 사용되어 지는데, 이것은 무한을 생각하는 부분에서 조금 더 다루고자 한다.

3. 함수의 응용

생활에서 사용되어 지는 기본적인 함수는 일차 함수 $f(x)=ax+b$(a와 b는 상수)와 이차 함수 $f(x)=ax^2+bx+c$(a, b, c는 상수)이다. 또한 $f(x)=[x]$로 정의되는 계단함수(step function)도 생활 속에서 많이 쓰여지고 있다. 여기서 $[x]$는 x를 넘지 않는 최대 정수를 의미한다. 일의 결과를 표현하는 식으로 한 변수와 다른 변수의 관계를 나타낼 때 위의 형태의 함수가 사용되어 지며, 결정하는 요인이 여러 개이면 다변수 함수가 사용 되어져야 한다.

예 제 7.4. 영업용 택시의 요금은 3km에 기본요금 1500원 이고 0.5km당 300원씩 부가 된다. 거리 $x$km 당 요금 y를 함수로 나타내고 5.5km 주행 시 요금을 계산하라.

풀 이 ☞ 3km에 기본요금 1500원이고 500m당 300원씩 부가되므로 만약 $\frac{x-3}{0.5}$이 정수이면 $y=1500+[\frac{x-3}{0.5}]\times 300$ 이고 정수가 아니면 $y=1500+([\frac{x-3}{0.5}]+1)\times 300$이다. 주행거리가 5.5km인 경우에 요금은 $1500+[\frac{5.5-3}{0.5}]\times 300=3000$원이다.

생활에서 가장 많이 응용되는 함수는 로그함수이다. 로그의 장점은 곱셈과 나눗셈이 로그에 의하여 보다 단순한 계산인 덧셈과 뺄셈으로 바뀌어지는 것이다. 그리하여 적은수로 큰 양의 변화를 표현하는 함수로 로그함수가 사용되어 지는데 방사능 물질의 반감기, 이자 계산, 지진이나 소리의 세기를 계산하는 경우에 응용되어 진다. 로그함수의 정의와 기본 성질을 소개한다.

정 의 7.5. 양의 실수 상에서 정의된 로그함수 $f(x)=\log x$는 $10^{\log x}=x$가 되게 하는 값이다. 즉 $10^{y}=x$이면 $y=\log x$이다.

지수함수와 로그함수는 서로 역함수의 관계를 가지며 그 그래프는 다음과 같다.

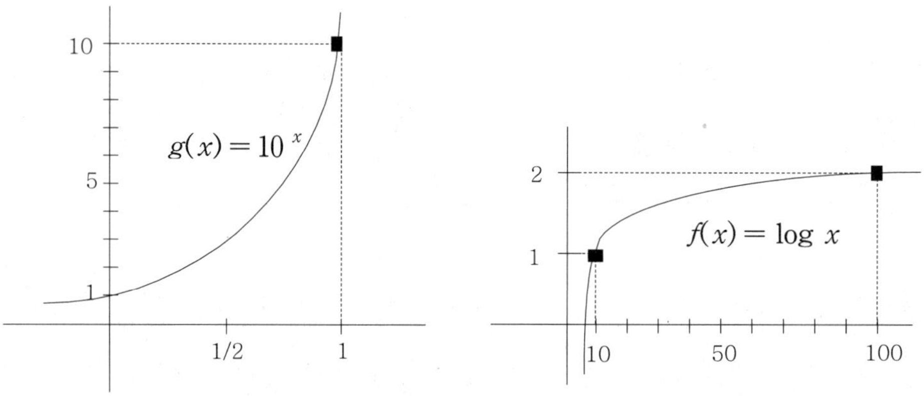

그림 7-3

로그함수의 중요한 성질은 곱하기에 관한 것이다. 임의의 양의 실수 a, b에 대하여

$$\begin{aligned}\log ab &= \log(10^{\log a}\ 10^{\log b})\\ &= \log(10^{\log a+\log b})\\ &= \log a+\log b\end{aligned}$$

이다. 또한 임의의 실수 r에 대하여

$$\begin{aligned}\log a^r &= \log(10^{\log a})^r \\ &= \log(10^{r\log a}) \\ &= r\log a\end{aligned}$$

이다. 즉, $\log ab = \log a + \log b$

$\log a^r = r\log a$

4. 리히터 스케일

지진의 세기를 측정하는 지진측정기는 1935년에 지진학자 리히터(Richter)에 의하여 발명되었다. 이 기계는 지진이 발생하는 에너지를 변수로 주어 지진의 세기를 나타내고, 단위는 **리히터 규모**(Richter Scale)라 부른다.

정 의 7.6. 지진이 발생할 때 전달되는 에너지를 x라 하면, 지진의 세기 리히터 규모 y는 $1.5y = \log x$로 정의 한다.

지진의 세기가 리히터 규모 1.5인 지진은 신경이 예민한 사람이면 약간 떨림을 느낄 정도이고, 리히터 규모 4.5의 지진은 약간의 피해를 낳을 정도이다. 리히터 규모 8.5인 지진은 천재지변에 해당된다. 20세기의 가장 큰 지진은 1960년 칠레에서 있었던 리히터

참조, 수학의 이해, 이상욱 고영미 저.

규모 9.7의 지진이었다. 1999년 터키에서 수 만 명의 사상자를 낸 지진은 리히터 규모 7.4이었으며 2003년 12월 이란에서 일어난 지진은 리히터 규모 6.3이었다.

예 제 7.7. 1995년 일본 고베에서 리히터 규모 7.2의 지진이 있었고, 인도 수마트라에서 리히터 규모 6.3의 지진이 있었다. 일본의 지진은 인도의 지진보다 얼마나 더 강한가?

풀 이 ☞ 일본의 지진의 에너지를 x_1, 인도의 지진의 에너지를 x_2라고 하면

$$\log x_1 = 1.5 \times 7.2$$

$$\log x_2 = 1.5 \times 6.3.$$

따라서 $x_1 = 10^{1.5\times7.2}$ 이고 $x_2 = 10^{1.5\times6.3}$.

$$\frac{x_1}{x_2} = \frac{10^{1.5\times7.2}}{10^{1.5\times6.3}} = 10^{1.5(7.2-6.3)}$$

$$= 10^{1.5\times0.9} \fallingdotseq 22.4$$

즉 일본의 지진은 인도의 지진보다 22.4배 강하다.

5. 데시벨

소리의 세기를 측정하는 단위로 쓰이는 데시벨은 1벨의 $\frac{1}{10}$을 뜻한다. 데시벨은 발명가 벨(A. G. Bell)의 이름을 따서 붙였다. 소리의 단위 데시벨은 소리를 들을 수 없는 0 데시벨에서 귀를 손상시키는 정도의 150 데시벨의 폭을 이룬다.

정 의 7.8. 소리의 세기가 x인 소리는 $y=10\log x$ 데시벨이다.

예 제 7.9. 비행기의 소음이 120 데시벨이고 기차의 소음이 80 데시벨이라고 한다면 비행기 소음은 기차보다 얼마나 더 큰 소리인가?

풀 이 ☞ 비행기 소음의 세기를 x_1, 기차의 소리의 세기를 x_2 라 하면

$10\log x_1 = 120$, $10\log x_2 = 80$이므로

$\log x_1 = 12$, $\log x_2 = 8$.

$x_1 = 10^{\log x_1} = 10^{12}$, $x_2 = 10^{\log x_2} = 10^{8}$.

$\dfrac{x_1}{x_2} = \dfrac{10^{12}}{10^{8}} = 10^{4} = 10,000$.

그러므로, 비행기가 기차보다 10,000배 큰 소음을 낸다.

1. 명제(Statement)

수학 문제를 증명하고 사고를 명확히 하기 위해서는 논리에 대한 이해가 요구된다. 수학에서 필요한 논리적 해석은 타당한 논증을 구별하는데 쓰이는 원리와 방법을 적용하는 법을 익히는데 쓰여 진다. 또한 일상생활에서 업무를 처리하는 능력에 있어서도 논리적이고 합리적인 사고는 성공적으로 일을 이루어 나갈 수 있게 한다. 논리적인 사고는 철학자나 과학자들 뿐만 아니라 현대 사회를 살아가는 사람들에게 있어 현대 문명을 만들어 가는 원동력이라고도 할 수 있다. 말이나 사고의 올바른 사용을 위하여 논리적 주장을 분석하는 방법을 연구하고, 기초적인 논리의 활용으로 회로에 관하여 생각해 본다.

논리의 시작은 명제로부터 이루어진다. **명제**란 참이나 거짓을 판별할 수 있는 서술문을 의미한다. 참이나 거짓 중 한쪽임을 결정할 수 있는 조건을 가져야 한다. 참과 거짓이 동시에 주어질 수 있는 것은 명제가 아니다. '1은 자연수 이다' 혹은 '1+1=2 이다' 등은 참인 것이 분명한 명제이다. 그러나 '파란 하늘', '일어서시오' 등은 명제가 아니다. 한 가지 사실을 주장하는 명제를 **단순명제**(simple statement)라 하고, 연결사를 사용해서 몇 개의 단순명제를 이어서 만든 명제를 **합성명제**(compound statement)라 한다. 명제는 보통 $p, q, r, \cdots$ 등으로 나타내고, 연결사로 쓰이는 기호는

$\sim, \wedge, \vee, \rightarrow, \leftrightarrow$ 등이 있다. 명제 p의 부정은 $\sim p$로 나타내고 'p가 아니다'라고 읽는다. p가 참(True, T)일 때 $\sim p$는 거짓(False, F)이 되고, p가 거짓일 때 $\sim p$는 참이 되어 진다. 이것의 진리값을 **진리표**(truth table)로 나타내면 다음과 같다.

p	$\sim p$
T	F
F	T

예 제 8.1. '사람은 동물이다'의 부정은 '사람은 동물이 아니다' 이고 '사람은 동물이다'란 명제가 참이므로 그 부정은 거짓이다.

명제 p와 q의 **논리합**(disjunction)은 $p \vee q$로 적고 'p join q' 혹은 'p or q'로 읽는다. $p \vee q$의 진리표는 다음과 같이 정의한다.

p	q	$p \vee q$
T	T	T
T	F	T
F	T	T
F	F	F

명제 p와 q의 **논리곱**(conjunction)은 $p \wedge q$로 적고 'p meet q' 혹은 'p and q'로 읽는다. 논리곱의 진리표는 다음과 같이 정의한다.

p	q	$p \wedge q$
T	T	T
T	F	F
F	T	F
F	F	F

예 제 8.2. 명제 p와 q가 다음과 같이 주어져 있다.

p : 오늘은 비가 온다.

q : 오늘 날씨는 맑다.

$p \wedge q$는 '오늘은 비가오고 날씨가 맑다' 이며 $p \vee q$는 '오늘은 비가 오거나 날씨는 맑다'이다. 이때 p가 참이면 q는 거짓이므로 $p \wedge q$는 항상 거짓이고 $p \vee q$는 항상 참이다.

명제 p와 q가 모든 경우에 진리값이 같을 때 'p와 q는 동치이다'(logically equivalent)라고 하고 '$p \equiv q$'로 적는다.

명제 p와 q에 관하여 **조건문**(conditional statement) $p \rightarrow q$는 'p이면 q이다'라고 하며 진리표는 다음과 같다.

p	q	$p \rightarrow q$
T	T	T
T	F	F
F	T	T
F	F	T

예 제 8.3. 명제 p와 q가 예제 8.2와 같이 주어진 경우, p가 참이면 q는 거짓이므로 $p \rightarrow q$는 '오늘 비가 오면 날씨는 맑다' 이고 항상 거짓이다. p가 거짓이면 q에 관계없이 항상 참이므로, 비가오지 않는 날에 '오늘 비가 오면 날씨는 맑다' 는 참이 된다.

쌍조건문(biconditional statement)은 $p \leftrightarrow q$로 나타내고 이것은 $(p \rightarrow q) \wedge (q \rightarrow p)$을 의미한다. $p \leftrightarrow q$의 진리표는 다음과 같다.

p	q	$p\to q$	$q\to p$	$p\leftrightarrow q$ $(p\to q)\wedge(q\to p)$
T	T	T	T	T
T	F	F	T	F
F	T	T	F	F
F	F	T	T	T

예 제 8.4. 명제 p, q, r이 다음과 같이 주어져 있다.

p: $x^2=2$,

q: $x=\sqrt{2}$,

r: x는 $\sqrt{2}$ 혹은 $\sqrt{2}$

명제 $p\to q$: $x^2=2 \to x=\sqrt{2}$

$x^2=2$인 경우 x는 $\sqrt{2}$나 $-\sqrt{2}$가 되어야 하므로 거짓이다.

명제 $q\to p$: $x=\sqrt{2} \to x^2-2$

위의 명제는 참이다.

그러므로 $p\leftrightarrow q$는 거짓이다.

명제 $p\leftrightarrow r$: ($x^2=2 \to x$는 $\sqrt{2}$ 혹은 $-\sqrt{2}$)이고 (x는 $\sqrt{2}$ 혹은 $-\sqrt{2} \to x^2=2$)

두 명제가 다 참이므로 $p\leftrightarrow r$는 참이다.

명제 $q\to r$: ($x=\sqrt{2} \to x$는 $\sqrt{2}$ 혹은 $-\sqrt{2}$)는 참이고

명제 $r\to q$: (x는 $\sqrt{2}$ 혹은 $-\sqrt{2} \to x=\sqrt{2}$)는 거짓이다.

그러므로 $q\leftrightarrow r$는 거짓이다.

어떤 명제가 모든 경우에 참일 때 **항진명제**(tautology)라 한다. 또한 모든 경우에 거짓인 경우 **모순명제**(contradiction)라 한다. 항진명제를 T, 모순명제를 C로 적기로 한다.

예 제 8.5. $p \vee \sim p \equiv T$이고 $p \wedge \sim p \equiv C$이다.

풀 이

p	$\sim p$	$p \vee \sim p$	$p \wedge \sim p$
T	F	T	F
F	T	T	F

조건문 $p \to q$가 항진명제일 때 $p \Rightarrow q$로 적고, 쌍조건문 $p \leftrightarrow q$가 항진명제가 될 때 '**p와 q는 동치이다**(equivalent)'라 하고 $p \Leftrightarrow q$로 적는다. 이때 p는 q되기 위한 **충분조건**(sufficient condition)이라 하고, q는 p되기 위한 **필요조건**(necessary condition)이라 하며, 두 가지 조건을 동시에 만족 할 때 **필요충분조건**(necessary and sufficient condition)이라 한다. $p \leftrightarrow q$인 경우 p는 q되기 위한 필요충분조건이다.

예 제 8.6. $x^2=2$는 $x=\sqrt{2}$ 혹은 $x=-\sqrt{2}$ 되기 위한 필요충분조건 이다. $x^2=2$는 $x=\sqrt{2}$ 되기 위한 필요조건이지만 충분조건은 아니다. $x=\sqrt{2}$는 $x^2=2$ 되기 위한 충분조건이지만 필요조건은 아니다.

예 제 8.7. 임의의 명제에 대해서 다음 사실이 성립함을 보이라.

1) 추이법칙(transitive law)

$$(p \to q) \wedge (q \to r) \to p \to r$$

이 법칙은 삼단논법(reasoning by transitivity)이란 논증법에 쓰여진다.

2) 이중부정(double negation) $\sim(\sim p)\equiv p$

3) 대우법칙(contrapositive law)

$$p\rightarrow q\equiv\sim q\rightarrow\sim p$$

4) 결합법칙(associative law)

$$(p\wedge q)\wedge r\equiv p\wedge(q\wedge r)$$

$$(p\vee q)\vee r\equiv p\vee(q\vee r)$$

5) 분배법칙(distributive law)

$$(p\wedge q)\vee r\equiv(p\wedge q)\vee(p\wedge r)$$

$$(p\vee q)\wedge r\equiv(p\vee q)\wedge(p\vee r)$$

6) 드 모르간 법칙(De Morgan's law)

$$\sim(p\wedge q)\equiv\sim p\vee\sim q$$

$$\sim(p\vee q)\equiv\sim p\wedge\sim q$$

풀 이 ☞ 진리표를 만들어 각 항이 항진명제임을 증명할 수 있다. 여기서 1)번과 3)번만 증명 하겠다.

1)

p	q	r	$p\rightarrow q$	$q\rightarrow r$	$p\rightarrow r$	$(p\rightarrow q)\wedge(q\rightarrow r)$	$(p\rightarrow q)\wedge(q\rightarrow r)\rightarrow(p\rightarrow r)$
T	T	T	T	T	T	T	T
T	T	F	T	F	F	F	T
T	F	T	F	T	T	F	T
T	F	F	F	T	F	F	T
F	T	T	T	T	T	T	T
F	T	F	T	F	T	F	T
F	F	T	T	T	T	T	T
F	F	F	T	T	T	T	T

3)

p	q	$\sim q$	$\sim p$	$p \to q$	$\sim q \to \sim p$	$p \to q \leftrightarrow \sim q \to \sim p$
T	T	F	F	T	T	T
T	F	T	F	F	F	T
F	T	F	T	T	T	T
F	F	T	T	T	T	T

명제 p가 '개천절은 국경일이다', q는 '국경일은 공휴일이다'라면 두 명제가 다 참이므로 $p \to q$는 참이다. 즉 '개천절이 국경일이면 공휴일이다'는 참이다. 이 명제의 대우는 $\sim q \to \sim p$이므로 '국경일이 공휴일이 아니라면 개천절은 국경일이 아니다'는 참이다.

2. 회로

기초논리는 전기회로를 나타내는데 응용되어 진다. 복잡한 회로를 단순하게 효율적으로 디자인하므로 실제로 사용되어지는 기계를 소형화하여 편리하게 사용할 수 있게 하고 비용도 절감할 수 있다. 기초논리의 응용은 1937년 섀논(C. Shannon)에 의해 전화교환에 사용되었다.

전기회로의 스위치를 다음 그림과 같이 하여 on, off로서 나타내자.

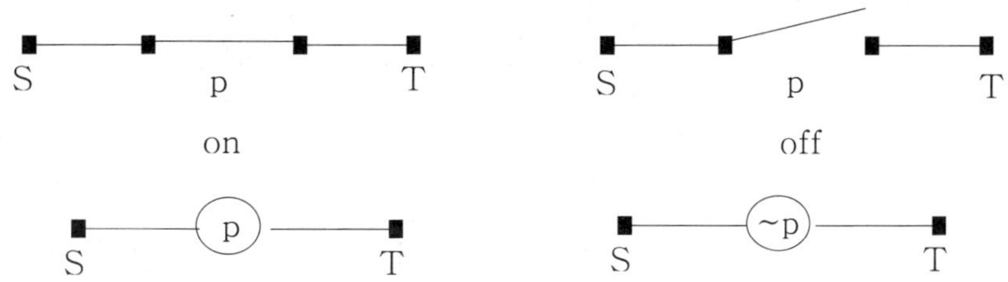

그림 8-1

S에서 T로 흐르는 회로에서 두개의 스위치를 연결할 때 직렬회로와 병렬회로로 연결할 수 있는데 직렬로 연결한 경우는 두 개의 스위치 p, q가 동시에 'on'인 상태에서만 전류가 흐르므로 $p \wedge q$로 나타낼 수 있다. 병렬로 연결한 경우는 두 개의 스위치 p, q 가운데 한 개만 'on'인 상태에도 전류가 흐르므로 $p \vee q$로 나타낸다.

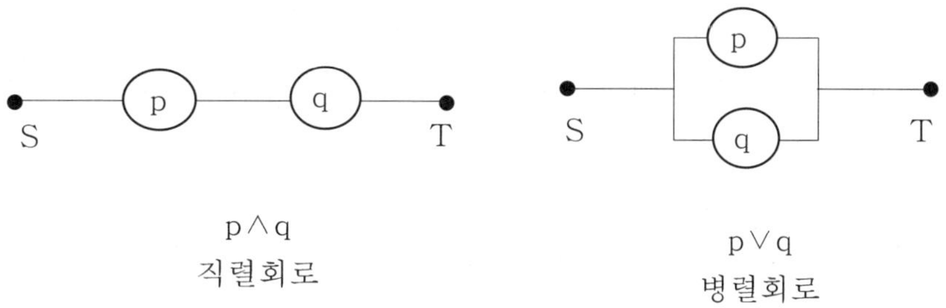

그림 8-2

진리표에서 T, F로 나타낸 것을 'on, off' 또는 '1, 0'로 나타내면 S에서 T로 흐르는 전류의 값을 보여주는 전류표(current table)는 진리표에서와 같이 성립함을 알 수 있다.

참조, 수학의 이해, 이상욱 고영미 저.

p	q	$p \wedge q$	$p \vee q$
1(on)	1(on)	1(current)	1(current)
1(on)	0(off)	0(no current)	1(current)
0(off)	1(on)	0(no current)	1(current)
0(off)	0(off)	0(no current)	0(no current)

분배법칙의 하나인 $(p \vee q) \wedge (p \vee r) \equiv p \vee (q \wedge r)$이므로 다음의 두 회로는 같은 것이다.

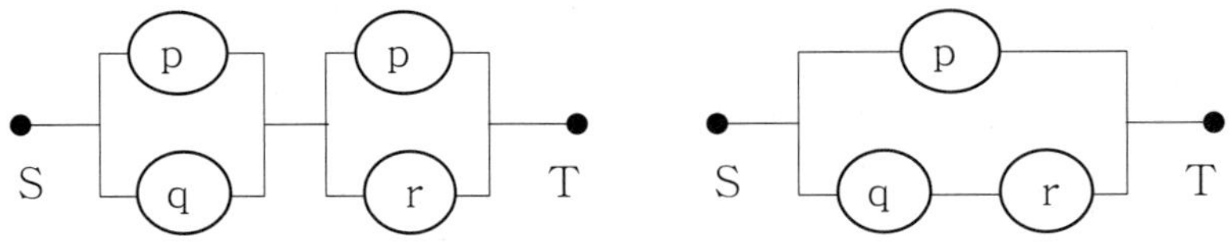

그림 8-3

예 제 **8.8.** 위의 회로에 전류가 흐르려면 어느 스위치가 on 이어야 하는지 살펴보시오.

풀 이 위의 회로는 $(p \vee q) \wedge (p \vee r) \equiv p \vee (q \wedge r)$이므로 $p \vee (q \wedge r)$의 전류표를 만들어 보면 아래와 같다.

p	q	r	$q \wedge r$	$p \vee (q \wedge r)$
1	1	1	1	1
1	1	0	0	1
1	0	1	0	1
1	0	0	0	1
0	1	1	1	1
0	1	0	0	0
0	0	1	0	0
0	0	0	0	0

전류표에서 회로 $p \vee (q \wedge r)$에 전류가 흐르는 경우는 p가 'on'인 경우이거나 p가 'off'인 경우는 q와 r이 모두 'on'인 경우이다.

예 제 8.9. 스위치 회로 $(p \wedge (q \vee r)) \vee (p \wedge q)$의 그림을 그려보고, 이 회로와 동치인 간단한 회로를 구하여 그려 보시오.

풀 이 $(p \wedge (q \vee r)) \vee (p \wedge q)$는

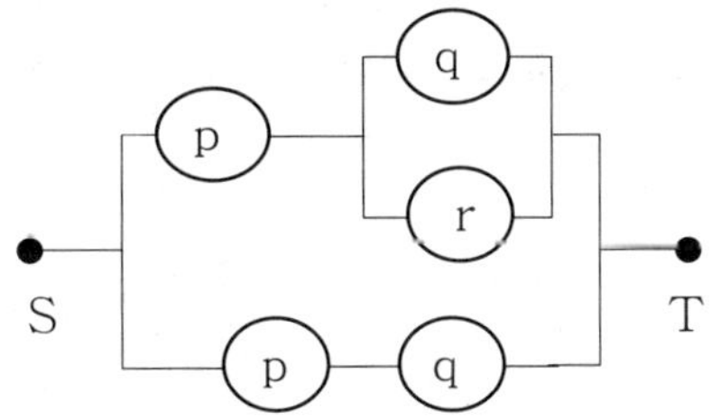

이다.

$$\begin{aligned}(p \wedge (q \vee r)) \vee (p \wedge q) &\equiv ((p \wedge q) \vee (p \wedge r)) \vee (p \wedge q) \\ &\equiv (p \wedge q) \vee (p \wedge r) \\ &\equiv p \wedge (q \vee r)\end{aligned}$$

이므로 위의 회로는

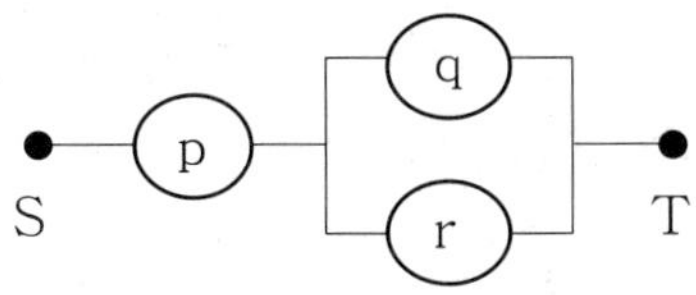

와 같이 간단히 할 수 있다.

9 무한으로의 여행

여행 중 지방 국도를 달리다 보면 생산자들이 과일을 팔기 위하여 상자에 담아둔 경우를 볼 수 있다. 그 상자의 절반을 사고자 할 때 생산자는 두개의 봉지를 열어 놓고 두개씩 쥔 과일을 각 봉지에 한 개씩 넣음으로 두 몫으로 분리를 한다. 이것은 우리 일상생활에서 함수의 일대일 대응 원리를 쉽게 볼 수 있는 예이다.

어린이들이 하나에서 둘, 셋으로 수의 개념이 확대되어 지면서 짝짓기를 통해 두 그룹사이의 많고 적음을 비교하기 시작한다. 각 그룹의 물건의 수를 헤아려 그 두 수를 비교하기 보다는, 두 마리의 나비와 세 송이의 꽃을 짝지음으로 꽃이 한 송이 더 많다는 것을 인식하기 쉽다. 이것도 역시 함수의 일대일 대응 원리를 자연스레 사용하고 있는 것이다.

수학에서 전단사 함수로 정의된 일대일 대응은 두 집합의 원소의 개수를 비교할 수 있는 좋은 도구이다. 10개의 학교와 10분의 교장선생님은 한 학교에 한 분의 교장선생님으로 쉽게 짝지어진다. 30개의 귤과 30명의 학생이 있을 경우 아무런 문제없이 각 학생에게 한 개씩 귤을 나누어 줄 수 있다. 그러나 30명의 학생이 있는 학급에 29개의 사탕으로 학생들에게 분배해 줄 수 없다. 이것은 두개의 그룹이 일대일 대응으로 짝짓기 하는데 개수가 같아야 한다는 것이다. 그러나 원소의 개수가 다름에도 불구하고 두 그룹(집합)의 짝짓기가 잘 이루어지는 경우를 볼 수 있다. 일부일처제도 하에서 남자와 여자의 인구수가 같지 않지만 단 한번만 결혼 한다는 조건 하에서도 결혼은 계속해서 이루어진다. 만일 남자 100명과 여자 98명의 한정된 집단에서만 결혼이 이루어져야 한다면 일부일처 제도에서는 결코 모든 사람이 결혼할 수는 없다. 지금까지 우리 사회에서는 절대적인 남녀 인구수의 차이로 인하여 결혼에 대한 위기감을 갖고 있지 않다. 그것은 남녀 인구수가 다르지만 끊임없이 사람이 출생하고 있기 때문이다.

수학에서는 이러한 짝짓기의 개념을 사용하여 유한과 무한을 구분하여 설명하고 있다.

정 의 9.1. 어떤 자연수 n에 대해서 집합 $1,2,\cdots,n$와 일대일 대응이 되는 집합을 원소의 개수가 n개인 **유한집합**이라 정의한다. 이러한 자연수가 존재하지 않을 때, 즉 유한집합이 아닐 때 그 집합을 **무한집합**이라 한다. 다시 말하면 무한집합은 1에서 시작해서 어떤 자연수 n까지 나열한 집합 $\{1,2,\cdots,n\}$과는 일대일 대응이 될 수 없다는 사실이다.

이렇게 정의된 무한의 개념은 그냥 막연하게 "너무나 많다" 혹은 "한없이 많다"라고 표현함으로써 생겨날 수 있는 모든 문제를 아주 간결하게 해결해 준다.

그런데 유한이 아닌 것을 무한이라고 정의한 위의 사실 속에는 유한과 무한의 엄청난 차이가 있음을 찾아볼 수 있다. 유한집합에서 성립하는 사실이 무한집합에서도 성립하지는 않는다. 또한 유한집합에서 일어나지 않는 현상이 무한집합에서 일어난다. 그러한 무한집합의 성질들을 살펴보면 다음과 같다.

▪두 개의 유한집합이 일대일 대응이면 두 집합의 개수는 같다. 그러나 무한집합의 경우는 그렇지 않다.

자연수의 집합 ℕ과 짝수들의 집합 E를 생각해 보자. 각 자연수 n에 짝수 $2n$을 대응시킨 이 관계는 일대일 대응이 된다. 그러나 짝수들의 개수는 자연수 전체의 개수의 절반밖에 되지 않는다. 무한의 경우에는 원소의 개수로 그 집합의 크기를 비교하는 것이 아무 의미가 없음을 알 수 있다.

$$\begin{array}{ccccccccc} \mathbb{N} = & 1, & 2, & 3, & 4, \cdots, & n, \cdots \\ & \updownarrow & \updownarrow & \updownarrow & \updownarrow & \updownarrow \\ \mathrm{E} = & 2, & 4, & 6, & 8 \cdots, & 2n, \cdots \end{array}$$

그림 9-1

▪유한집합은 그 자신의 일부와 일대일 대응이 될 수 없지만 무한집합은 그 자신의 일부와 일대일 대응이 될 수 있다.

앞의 예제에서 E는 ℕ의 일부분이지만 서로 일대일 대응이 되어짐을 보았다. 이것은 두 집합이 이산적인 경우이다. 그러나 집합이 연속인 경우의 예를 들어보자. 폐구간 $[0,1]$과 임의의 폐구간 $[a,b]$는 서로 일대일 대응이 된다. 함수 $f(t)=a(1-t)+tb$는 $[0,1]$에서 $[a,b]$로 가는 일대일 대응이 된다. 이것을 수식으로 표현하여 증명하기보다 그림으로 증명해 보자. 만일 $[a, b]$와 $[0, 1]$의 길이가 같은 경우는 두 선분을 포개어 서로 만나는 점을 대응시키면 일대일 대응이 된다. 그러나 두 선분의 길이가 다른 경우, 먼저 두 선분을 평행하게 두고 0과 a를 연결한 직선과 1과 b를 연결한 직선이 만나는 점을 p라 하자. 그리고 p에서 두 선분을 통과하는 선을 그었을 때 $[0, 1]$선분과 만나는 점을 x라 하고 $[a, b]$와 만나는 점을 y라 하여 x와 y를 대응시키면 두 선분위의 모든 점이 서로 서로 일대일 대응 되어진다. 그러므로 두개의 유한한 길이의 선분은 일대일 대응이다.

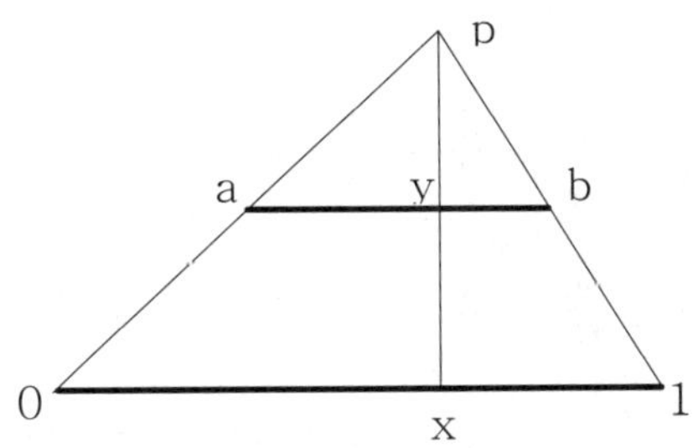

그림 9-2

▪ **유한집합을 이루는 수들의 합은 반드시 유한하다. 그러나 무한집합을 이루는 수들의 합은 유한이 될 수도 있고 무한이 될 수도 있다.**

$\mathrm{A} = 1, \frac{1}{2}, \frac{1}{3}, \frac{1}{4}, \cdots$

$\mathrm{B} = 1, \frac{1}{2}, \frac{1}{4}, \frac{1}{8}, \cdots$

A와 B는 무한집합이다. 그러나 A의 원소들의 합은 무한이고 B의 원소들의 합은 공비가 $\frac{1}{2}$인 등비급수의 합 $\frac{1}{1-\frac{1}{2}}=2$이다. 여

기서 A의 원소들의 합이 무한이라는 사실을 증명해 본다. 이 증명에 필요한 해석학적인 내용은 생략하겠다.

정 리 9.2. $1+\frac{1}{2}+\frac{1}{3}+\cdots$은 발산한다.

증 명 $S_n=1+\frac{1}{2}+\frac{1}{3}+\cdots+\frac{1}{n}$이라 두자.

$S_1=1\geq 1$

$S_2=1+\frac{1}{2}\geq\frac{3}{2}$

$S_4=S_2+\frac{1}{3}+\frac{1}{4}\geq\frac{3}{2}+\frac{1}{4}+\frac{1}{4}=2$

$S_8=S_4+\frac{1}{5}+\frac{1}{6}+\frac{1}{7}+\frac{1}{8}\geq 2+\frac{1}{8}+\frac{1}{8}+\frac{1}{8}+\frac{1}{8}=\frac{5}{2}$

이므로, 일반적으로 $S_{2^n}\geq\frac{n+2}{2}$이다. 그러므로 수열 S_n은 유계가 아니고 양항급수 $1+\frac{1}{2}+\frac{1}{3}+\cdots$은 발산한다.

▪ 길이가 유한인 물체와 길이가 무한인 물체를 대응시킬 수 있다.

아래 그림에서와 같이 길이가 유한인 반원위에 있는 점들과 길이가 무한인 직선상의 모든 점들은 일대일 대응 시킬 수 있다. 점 P에서 반원 상의 점 q를 통과하여 x축과 만나는 점을 R이라 하면, 길이가 유한인 반원 상의 점들과 길이가 무한인 직선상의 점들은 일대일 대응이 된다.

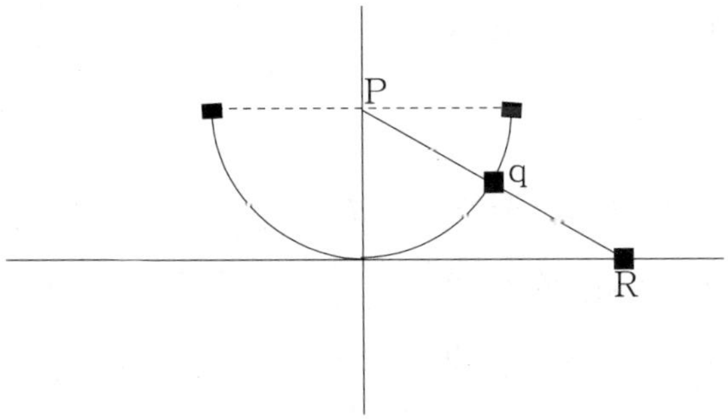

그림 9-3

위에서 살펴보듯이 무한의 성질은 유한의 개념에서 생각하는 것과 다른 점이 많음을 알 수 있다. 고대의 수학자들은 유한의 개념으로 설명할 수 없는 이러한 문제들을 신의 영역으로 구획지어 접근하지 못하도록 했던 사실들을 수학사에서 찾아볼 수 있다. 고대 그리스인들은 무한집합의 개념과 씨름 하다가 일반적으로는 무한을 허용할 수 없는 개념으로 간주하였다. 17세기의 수학자 월리스(John Wallis, 1616-1703)가 무한의 기호(∞)를 만들었으나, 18세기까지 수학자들은 무한의 의미를 확실히 모르고 있었고, 오일러는 무한을 하나의 수라고 했지만 개념이나 성질을 설명하지 못했다. 러시아에서 태어난 독일의 수학자 **칸토어**(Georg Cantor, 1845-1918)가 1872년에 집합론을 소개하면서 무한에 대한 개념이 엄밀히 연구 되어 지므로 인해 칸토어를 무한을 연구한 최초의 근대 수학자로 인정하고 있다. 많은 사람들이 그의 생각에 논쟁의 여지가 있다고 생각하지만 무한 이론의 창시자로 인정하고 있다. 그는 두 집합 사이의 크기를 다음과 같이 비교하여 정의하였다.

정 의 9.3. 집합 A는 집합 B의 부분집합과 일대일 대응이지만, 집합 B는 집합 A의 부분집합과 일대일 대응 되지 않을 때, 집합 B는 집합 A보다 크다고 한다.

앞에서 살펴 본 바로 무한의 경우는 한 집합이 다른 집합보다 크다는 의미가 원소의 개수가 많음을 의미하지 않는다. 예를 들면 자연수의 원소의 개수가 그 부분집합인 짝수들의 원소의 개수보다 두 배가 많지만 이들은 서로 일대일 대응이 되어짐을 보았다. 그리하여 칸토어는 유한집합의 경우에 크기를 비교하기 위하여 사용한 자연수 1,2,3,…으로서는 무한집합의 크기를 나타낼 수 없음을 알고 무한집합의 크기를 비교하는 **기수**(cardinal number)로 **초한수**(transfinite number) ℵ(aleph)를 사용하였다. $\aleph_0$(aleph-zero)는 자연수와 일대일 대응 되는 집합의 기수로 정하고 초한수 가운데 가장 작은 수이다. $\aleph_0$를 기수로 가지는 집합은 자연수와 같이 헤아릴 수 있는 집합이라 하여 **가산집합**(countable set, denumerable set)라 한다. 정수들의 집합 ℤ는 기수 $\aleph_0$를 가지는 가산집합이며 자연수와 일대일 대응시키는 한 가지 방법은 아래와 같다.

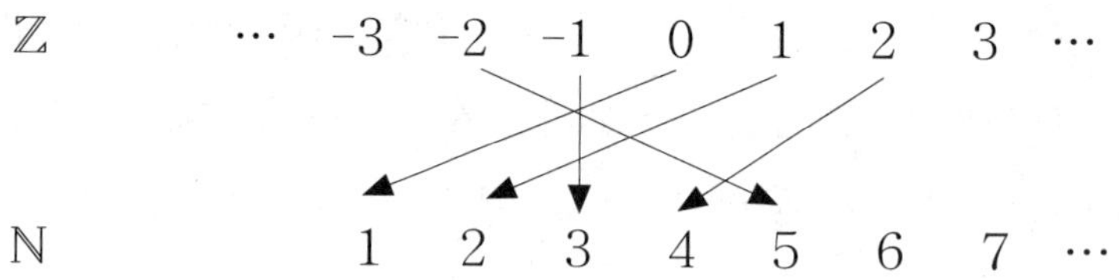

$$f : \mathbb{Z} \to \mathbb{N} \quad \text{by} \quad f(n) = \begin{cases} 2n & n > 0 \\ -2n+1 & n \le 0 \end{cases}$$

유리수들의 집합 ℚ도 기수 $\aleph_0$를 가지는 가산집합이다. ℚ를 양수부분 $\mathbb{Q}^+$와 음수부분 $\mathbb{Q}^-$로 구분하면
$\mathbb{Q}=\mathbb{Q}^+\cup\{0\}\cup\mathbb{Q}^-$이다. 이때 $\mathbb{Q}^+$와 $\mathbb{Q}^-$는 서로 일대일 대응이므로 $\mathbb{Q}^+$가 자연수 집합 ℕ과 일대일 대응임을 보이면 충분하다. $\mathbb{Q}^+$를 두 자연수의 비로 표시하고 화살표 방향으로 일렬로 배열시켜 자연수와 일대일 대응 시킨다. 이때 한번 지나간 수가 다시 나오면 모두 제거 한다. 예를 들어 1과 2/2, 3/3 …은 같으므로 2/2, 3/3 … 등은 모두 제거 한다. 그러면 유리수의 집합 ℚ는 기수 $\aleph_0$를 가지는 가산집합이다.

```
ℚ⁺   1/1 → 2/1   3/1 → 4/1   5/1 → …
         ↙     ↗     ↙     ↗
     1/2   2/2   3/2   4/2   5/3   …
      ↓  ↗     ↙     ↗
     1/3   2/3   3/3   4/3   5/3   …
         ↙     ↗
     1/4   2/4   3/4   4/4   5/4   …
      ↓  ↗
     1/5   2/5   3/5   4/5   5/5   …
      ⋮     ⋮     ⋮     ⋮     ⋮    ⋱
```

그림 9-4

그러나 실수는 자연수와 일대일 대응이 되지 않는다. 이것은 칸토어의 **대각화 방법**(Diagonalization process)에 의하여 증명되었

다. 이 증명은 해석학적인 이론이 필요하므로 생략하겠다. 칸토어는 실수의 기수를 $\aleph_1$(aleph-one) 혹은 c라고 하였다. c가 $\aleph_0$보다 큰 초한수인 것이다. 그러면 초한수는 이 두 가지만 있는 것인가? 다시 말하여 무한집합은 이 두 가지 크기만 있는 것인가? 칸토어는 어느 집합에 대하여도 그 집합보다 큰 크기를 갖는 집합이 존재함을 밝혔다. 이 사실은 무한집합의 크기를 나타내는 초한수가 무한히 많음을 말하고 있다. 이것을 **칸토어 정리**라 한다.

칸토어 정리 집합 A의 기수를 a, A의 멱집합의 기수를 b라 하면 $a < b$이다.

이 정리는 무한집합과 유한집합에서 공통으로 만족하는 사실이다. 두개의 원소를 가지는 집합 $A=\{1,2\}$의 멱집합 $P(A)$는 $\{\varnothing, \{1\}, \{2\}, \{1,2\}\}$로 4개의 원소를 가진다. 칸토어 정리를 거듭해서 적용하면 한 무한집합보다 큰 무한집합들이 무한히 존재하고, 이것은 초한수들이 무한히 존재함을 의미한다. 초한수 중 가장 작은 것을 $\aleph_0$라 하고 그 다음 초한수를 c 혹은 $\aleph_1$이라 하면, $\aleph_0 < \aleph_1 < \aleph_2 < \cdots$으로 나열 할 수 있다.

칸토어는 "$\aleph_0$와 $\aleph_1$ 사이에는 다른 초한수는 없는가?"하는 질문을 하였다. 그러나 그는 $\aleph_0$ 다음의 수는 $\aleph_1$이라는 추측만 하고 증명은 하지 못하였다. 이것은 **연속체 가정**(Continuum Hypothesis)으로 알려졌으며 1900년경의 가장 유명한 수학 문제 중 하나였다.

연속체 가정 한 집합의 크기가 $\aleph_0$이면 그 집합의 멱집합의 크기는 $\aleph_1$이다. 일반적으로 어떤 집합의 크기가 $\aleph_n$이면 그 멱집합의 크기는 $\aleph_{n+1}$이다.

이 문제는 1900년대 전반기 동안 많은 노력에 불구하고 증명되어지지 않았고, 1940년에 오스트리아의 논리학자 괴델(K. Gödel)은 연속체 가정이 칸토어가 이룩한 집합론의 공리에 모순되지 않음을 증명하였다. 즉, 집합론의 공리를 바탕으로 한 논증에 의해서는 연속체 가정이 거짓임을 증명할 수 없었음을 보였다.

1963년 스탠퍼드 대학의 젊은 수학자 폴 코언(Paul Cohen)은 연속성 가정이 거짓이라고 가정을 해도 집합론에 아무런 모순도 생기지 않는다는 것을 증명하였다. 즉 연속체 가정은 집합론의 어떤 다른 공리와 독립적이란 사실을 증명한 것이다. 코언은 이 결과를 괴델에게 보내었고 괴델은 그 결과에 찬사를 보내며 격려하였다. 드디어 1966년 코언은 그 업적으로 수학계의 가장 영예로운 상인 필즈상을 받았다. 필즈상이 논리와 수학기초분야에 대한 연구업적으로 수여된 것은 이 업적이 처음이자 마지막 이었다.

칸토어의 스승인 크로넥커(Kronecker)는 보수적인 사람으로 정수와 유한한 영역의 개념위에 수학의 기초를 놓으려 하였다. 그로 인해 그의 제자 칸토어가 무리수와 무한의 세계에 관심을 두자 칸토어에 대해 나쁜 감정을 가지게 되었다. 크로넥커는 무리수와 무한의 개념은 신의 영역으로 함부로 건드릴 수 없다고 생각했다. 정수외의 다른 모든 수가 자연법칙에 반한다는 강한 신념을 가지고 있었고 자연에 반하는 행위로 여겼다. 그로 인하여 칸토어는 그를 가르친 크로넥커와 직접적인 충돌로 힘든 시간을 보냈었고, 거의 평생 동안 적대적인 관계를 갖게된 것이다. 독일의 저명한 수학자 힐베르트는 후일 다음과 같이 말했다.

"게오르그 칸토어가 우리에게 열어준 낙원에서 아무도 우리를 쫓아내지 못할 것이다".

2005년 서울 코엑스에서 열린 '바이오메디 심포지엄'에서 안규리박사는 19세기 고증학의 대가 추사 김정희의 한시(漢詩)를 전했다. "학술은 수백년이 지나면 반드시 변합니다. 학술이 변하고자할 때에 한 두 사람의 선구자가 있어서 단초를 열게되면 수백 수천의 사람이 이를 요란하게 비판합니다. 그것이 이미 변함에 있어서는 반드시 한두 사람이 성과를 모으게 되매, 이에 수백 수천의 사람들이 휩쓸려 이를 쫓게됩니다."(조선일보 10월 31일자)

칸토어가 무한이란 에덴동산에 들어간 것은 수학의 새 시대를 연 것 이었다. 칸토어에게 무한은 하나님이 주신 것으로 굳게 믿었고, 칸토어에게 무한은 신의 영역이었다. 무한은 여러 수준의 초한수로 이루어져 있었으며 초한수 너머에는 도달할 수 없는 궁극적인 무한의 수 즉, 절대가 있었다. 절대는 곧 신 자체였다.

무한의 개념이 밝혀지지 않은 시기에 사람들은 무한에 대한 사고는 하나님의 영역을 침범하는 것이라 생각하였다. 그러나 칸토어는 무한에 관한 연구를 통하여 하나님에 대한 존재를 더욱 확고히 하게 된 것이다.

10

진법과 이상한 집합

수를 헤아릴 때 일, 이, 삼, 사, 오, 육, 칠, 팔, 구, 십을 쓰고, 십일, 십이, …, 구십구, 그 다음은 새로운 수, 백을 사용한다. 백은 십이 열개 모인 것을 의미한다. 숫자를 쓸 때에도 0,1,2,3,4,5,6,7,8,9만을 사용하여 9 다음은 10을 쓰고 11,12,…,19 다음은 20을 쓴다. 이렇게 99를 쓰면 다음은 세 자리 수로 100을 쓴다. 이러한 기수방법을 **십진법**이라 한다.

어린아이들이 셈을 배울 때 손가락을 곱으며 수를 헤아린다. 열 손가락을 접었다 폈다 하면서 더하기와 빼기를 배우게 된다. 원시인들도 손가락으로 셈을 하였으나 손가락셈을 할 수 없도록 물고기나 사냥한 동물의 수가 많아지게 되자 10이 넘으면 손가락을 다 펴고 돌멩이나 나뭇가지를 하나 놓은 뒤 다시 1에서 9까지의 손가락셈을 하는 방법을 시행하였다. 이것이 십진법의 시작이었다. 10진법의 사용은 오늘날 상식으로 되어있지만 유럽이나 소아시아 또는 이집트등 어디서나 그때까지 10진법을 사용한 흔적은 없다. 아라비아에서 10진법이 쓰이게된 최초의 증거를 볼 수 있는 것은 기원전 773년의 일이었고, 인도에서 수입되었다는 것도 명백한 사실이다. 인도에서 "0"이라는 개념이 정립되어 10진 위치적 기수법이 정립되었고 이것이 아라비아를 거쳐 유럽으로까지 진출되었다.

손가락과 발가락을 다 사용하는 **20진법**도 이용되어졌는데 이것은 사람들이 맨발로 다니던 시절을 생각해볼 수 있다. 20진법은 미국 인디언족에 의해 이용되었으며 이것은 마야(Maya) 수체계로 알려져 있다. 그린랜드 사람들은 20을 'one man'이라 하고 40을 'two man'이라 하며 영어에서는 20을 'score'란 단어로 자주 쓴다.

사람이 가장 먼저 사용하였던 수 체계는 아마 **5진법**으로 추정한다. 오늘날도 남아메리카의 몇몇 종족은 손으로 셈을 한다. one, two, three, four, hand, hand and one으로 손가락을 다 펴면 주먹을 사용한다. 러시아어의 '피아치'는 5와 주먹을 함께 나타내고, 말레이어의 '리아'는 손과 5를 함께 나타낸다. 한국어의 '다섯'은 손가락을 펴가면서 손가락이 '다 섰다'는 동작을 의미한다고 한다.

한편 아주 오래전에 **12진법**이 사용되어진 흔적이 지금도 남아 있다. 12인치가 1피트(feet)이고, 12온스는 1파운드, 12펜스가 1실링, 12라인은 1인치, 1년은 12달, 연필 12자루는 1다스(dozen)이고 12다스를 1그로스(gross), 12그로스는 1매스(mass)이다. 고대 중국에서는 하루를 12등분한 시각을 사용하였고 사주팔자나 토정비결을 볼 때는 이 시각을 이용한다. 이것은 지구의 자전이 30° 만큼 진행될 때마다 자시를 0시로 하여 2시간 간격으로 시간의 이름을 준다.

자(子)시 - 0시	축(丑)시 - 2시	인(寅)시 - 4시
묘(卯)시 - 6시	진(辰)시 - 8시	사(巳)시 - 10시
오(午)시 - 12시	미(未)시 - 14시	신(申)시 - 16시
유(酉)시 - 18시	술(戌)시 - 20시	해(亥)시 - 22시

그러나 고대 서양 사람들은 지구의 자전을 24등분하여 지구가 15° 진행시마다 1시간을 주어서 하루를 24시간으로 사용하여 현재 지구상의 모든 인류가 1일 24시간을 사용하고 있다. 이것은 지구

참조, 아름다운 수학생활, 최영우 저.

가 한번 자전하는 각이 360° 이고 360을 적당히 나누기 위해서는 약수가 되어야 하는데 그것이 12 또는 24가 되었을 것이다. 이러한 사실들로부터 1회전각을 360° 로 정한 것이 1시간의 개념보다 훨씬 앞선 것이라 생각되어진다.

60**진법**은 고대 바빌로니아인들이 사용하였는데 1시간을 60등분하여 그 하나를 1분으로, 1분을 60등분하여 그 하나를 1초로 사용한다. 이러한 60진법은 천문과 역법에서 전 세계 과학자들에게 전승되어 오늘날까지 사용되어 지고 있다.

우리 생활에서는 불편한 2**진법**이 현대에서는 전자계산기의 출현으로 인하여 유용하게 쓰여 지고 있다. 2진법의 수는 0과 1만 사용하므로 10진법으로 쓰는 것 보다 약 3배의 수를 나열하여야 한다. 그러나 기계가 2진법의 수를 읽을 때는 0은 전류가 흐르지 않음이고 1은 전류가 흐르는 것으로 잘 읽어낸다. 진공관이나 트랜지스터 안에 흐르는 충격 전류의 수는 1초에 수백만, 수억이다. 2진법은 1670년경 정치가이며 철학자이고 신학자였던 수학자 라이프니츠에 의해 소개되었으며, 종교적인 관점에서 신은 1로 없음은 0으로 이해하였다.

진법의 사용은 수를 편리한 기본적인 군(group)으로 배열함으로써 행해졌는데 그 방법은 다음과 같다. p를 셈에대한 밑수(base)로 선택한 후, 수 $1, 2, \cdots, p$에 이름을 붙이고 p보다 큰 수에 대한 이름은 이미 선택한 수의 이름을 가지고 합성하였다.

정보화 사회에서 꼭 필요한 암호학의 연구에 진법의 이론이 쓰인다. 이제 진법에 관한 수학이론을 몇 가지 소개한다.

정 의 10.1. 정수 n이 자연수 p에 대하여 다음과 같이 나타날 때 n은 k자리의 p **진법수** 또는 간단히 p **진수**라 한다.

$$n = a_{k-1}p^{k-1} + a_{k-2}p^{k-2} + \cdots + a_1 p + a_0$$

여기서 a_i는 $0, 1, 2, \cdots, p-1$ 중의 하나이며 $a_{k-1} \neq 0$이다. 이때 n은 $(a_{k-1}a_k \cdots a_1 a_0)_p$로 나타낸다.

십진수는 $p=10$인 경우이며 이때 $(\ )_{10}$을 생략하여 쓰고 있다. a_i들은 $0, 1, 2, \cdots, 9$들을 사용하며 우리가 사용하고 있는 수의 표현이다.

예를 들어, $876 = 8 \times 10^2 + 7 \times 10 + 6$으로 $(876)_{10}$에서 $(\ )_{10}$을 생략한 것이다.

예 제 10.2. 다음의 p진수들을 10진수로 바꾸어 보시오.

$(101101)_2$, $(1221)_3$, $(1331)_5$

풀 이 ☞ $(101101)_2 = 1 \times 2^5 + 1 \times 2^3 + 1 \times 2^2 + 1 = 45$

$(1221)_3 = 1 \times 3^3 + 2 \times 3^2 + 2 \times 3 + 1 = 52$

$(1331)_5 = 1 \times 5^3 + 3 \times 5^2 + 3 \times 5 + 1 = 216$

예 제 10.3. 10진수 121을 2진수로, 10진수 468을 5진수로 바꾸어 보시오.

풀 이 $121 = 2^6 + 2^5 + 2^4 + 2^3 + 1 = (1111001)_2$

$468 = 3 \times 5^3 + 3 \times 5^2 + 3 \times 5 + 3 = (3333)_5$

2) 121
2) 60 ⋯ 1
2) 30 ⋯ 0
2) 15 ⋯ 0
2) 7 ⋯ 1
2) 3 ⋯ 1
1 ⋯ 1

5) 468
5) 93 ⋯ 3
5) 18 ⋯ 3
3 ⋯ 3

p진수를 10진수로 바꾸는 것은 정의에 의하여 계산하면 되지만 p진수를 q진수로 바꾸는 것은, 일단 p진수를 10진수로 고쳐서 다시 q진수로 바꾸는 것이 편리하다. 다음은 1에서 10까지의 10진수를 2진수와 3진수로 나타낸 것이다.

10진수	2진수	3진수
1	1	1
2	$10 = 1 \times 2$	2
3	$11 = 1 \times 2 + 1$	$10 = 1 \times 3$
4	$100 = 1 \times 2^2$	$11 = 1 \times 3 + 1$
5	$101 = 1 \times 2^2 + 1$	$12 = 1 \times 3 + 2$
6	$110 = 1 \times 2^2 + 1 \times 2$	$20 = 2 \times 3$
7	$111 = 1 \times 2^2 + 1 \times 2 + 1$	$21 = 2 \times 3 + 1$
8	$1000 = 1 \times 2^3$	$22 = 2 \times 3 + 2$
9	$1001 = 1 \times 2^3 + 1$	$100 = 1 \times 3^2$
10	$1010 = 1 \times 2^3 + 1 \times 2$	$101 = 1 \times 3^2 + 1$

10진수의 사칙연산과 마찬가지로 p진수에서도 사칙연산이 가능하다. p진수에서의 사칙연산을 10진수로 계산한 다음 p진수로 고치는 방법이 알기 쉽다. 2진수와 3진수의 덧셈과 곱셈표는 다음과 같다.

2진수의 덧셈표

+	0	1
0	0	1
1	1	10

2진수의 곱셈표

×	0	1
0	0	0
1	0	1

3진수의 덧셈표

+	0	1	2
0	0	1	2
1	1	2	10
2	2	10	11

3진수의 곱셈표

×	0	1	2
0	0	0	0
1	0	1	2
2	0	2	11

표 10-1

위의 표를 사용하여 p진수의 덧셈과 곱셈을 하여보자.

예 제 10.4. 1) $(1101)_2+(101)_2$

2) $(12101)_3+(1012)_3$

3) $(1010)_3+(110)_3$

4) $(1010)_3\times(110)_3$

풀 이 ☞ 1)

$$\begin{array}{r} 1101 \\ +\quad 101 \\ \hline (10010)_2 \end{array}$$

2)

$$\begin{array}{r} 12101 \\ +\quad 1012 \\ \hline (20120)_3 \end{array}$$

3)

$$\begin{array}{r} 1010 \\ +\quad 110 \\ \hline (1120)_3 \end{array}$$

4)

$$\begin{array}{r} 1010 \\ \times\quad 110 \\ \hline 10100 \\ 1010 \\ \hline (111100)_3 \end{array}$$

지금까지 우리는 정수를 p진수로 표현하는 것에 관하여 생각해 보았다. 그러나 실생활에서 많이 쓰이는 실수를 p진수로 나타내는 방법을 생각해 보자. 그러기 위하여 다음의 정리를 먼저 소개한다. 이 정리의 증명은 깊은 수학적인 이해력을 필요로 하므로 생략한다.

정 리 10.5. 주어진 자연수 p에 대하여 0과 1사이의 실수 x는 집합 $0,1,\cdots,p-1$에 속하는 수들의 수열 x_n이 존재하여 다음과 같이 표현된다.

$$x=\sum_{n=1}^{\infty}\frac{x_n}{p^n}$$

위의 정리로부터 다음의 p진수들을 10진수로 바꿔보자.

예 제 10.6. 1) $0.123=(0.123)_{10}=\frac{1}{10}+\frac{2}{10^2}+\frac{3}{10^3}$

2) $(0.101)_2=\frac{1}{2}+\frac{0}{2^2}+\frac{1}{2^3}$

3) $(0.121)_3=\frac{1}{3}+\frac{2}{3^2}+\frac{1}{3^3}$

4) $(0.1234)_5=\frac{1}{5}+\frac{2}{5^2}+\frac{3}{5^3}+\frac{4}{5^4}$

모든 실수는 정수부분과 소수부분의 합으로 나타나므로 앞의 두 정리를 사용하면 실수를 임의의 자연수 p에 대하여 p진법으로 표현할 수 있다.

정 리 10.7. 주어진 자연수 p에 대해서 임의의 실수 x는 두개의 수열 $\{a_n\}$과 $\{b_n\}$이 존재하여 다음과 같이 표현된다. 단, a_n과 b_n 들은 $\{0,1,\cdots,p-1\}$에 들어가는 수들이다.

$$x=\sum_{n=0}^{\infty}a_n p^n+\sum_{n=1}^{\infty}\frac{b_n}{p^n}$$

예 제 10.8.

1) $123.123=1\times10^2+2\times10+3+\frac{1}{10}+\frac{2}{10^2}+\frac{3}{10^3}$

2) $(101.101)_2=1\times2^2+0\times2+1+\frac{1}{2}+\frac{0}{2^2}+\frac{1}{2^3}$

3) $(1230.0321)_5$
$=1\times5^3+2\times5^2+3\times5+\frac{0}{5}+\frac{3}{5^2}+\frac{2}{5^3}+\frac{1}{5^4}$

일반적으로 모든 실수는 수직선상의 한 점과 일대일 대응이 되어진다. 수직선상에 정수부분을 나타내고 두 정수 사이의 소수들이 수직선상에 어떻게 나타나는지 알면 모든 실수들을 수직선상에 대응시킬 수 있다. 이것을 앞의 정리로부터 기하학적으로 설명해 보자.

정리 10.5에서 0과 1 사이의 실수 x는 $x=\sum_{n=1}^{\infty}\frac{x_n}{p^n}$으로 표현된다고 하였다. 우선 이해를 쉽게 하기 위하여 $p=10$인 십진수를 생각해 보자.

$x=\sum_{n=1}^{\infty}\frac{x_n}{10^n}=\frac{x_1}{10}+\frac{x_2}{10^2}+\cdots+\frac{x_n}{10^n}+\cdots$ 이다.

여기서 x_n들은 $0,1,\cdots,9$에 속한다. 먼저 0과 1 사이의 선분을 10등분하여 $x_1=0$이면 0, $x_1=1$이면 첫 번째 등분, …, $x_1=9$이면 아홉 번째 등분에 해당된다. x_1이 정해지면 x_1이 들어가는 10등분되어진 선분을 다시 10 등분하여 x_2번째 위치를 찾는다. 같은 방법으로 계속해서 $x_1, x_2,\cdots$들에 의하여 x의 위치를 찾는다.

예 제 10.9. $(0.1101)_2$, $(0.12211)_3$의 위치를 수직선상에 나타내시오.

풀 이 (1) $(0.1101)_2=\frac{1}{2}+\frac{1}{2^2}+\frac{0}{2^3}+\frac{1}{2^4}$

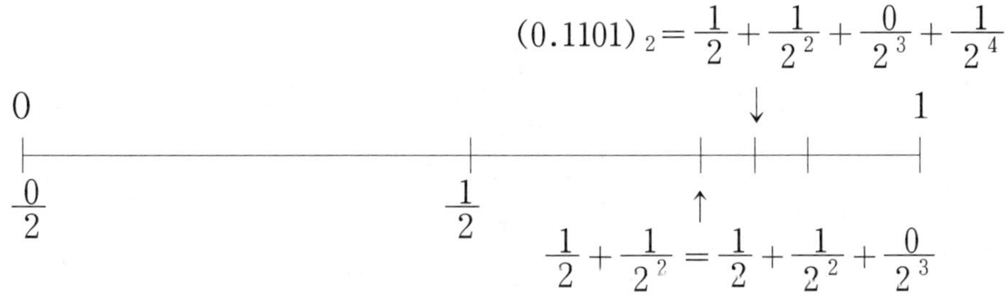

(2) $(0.1221)_3 = \frac{1}{3} + \frac{2}{3^2} + \frac{2}{3^3} + \frac{1}{3^4}$

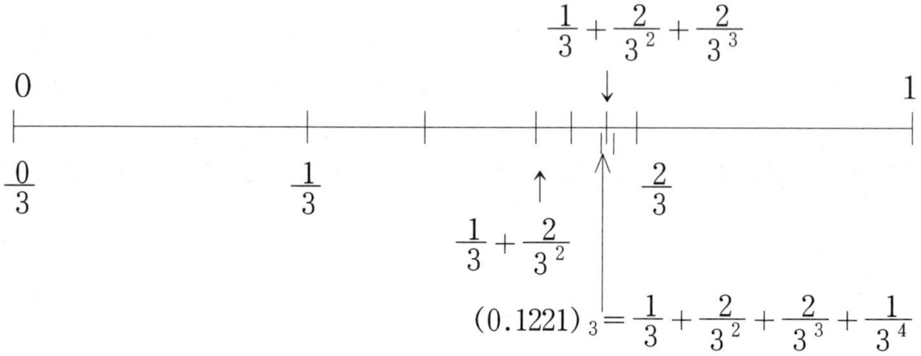

p진수의 소수부분은 두 가지로 표현할 수 있다. 이것은 해석학적으로 증명할 수 있으며 가하학적으로도 알 수 있는 사실이다. 이것은 모든 유한 소수는 무한 소수로 표현가능하다는 것이다. 즉,

$$x = \sum_{n=1}^{m} \frac{x_n}{p^n} = \sum_{n=1}^{m-1} \frac{x_n}{p^n} + \frac{x_m - 1}{p^m} + \sum_{n=m+1}^{\infty} \frac{p-1}{p^n}$$

$p = 10$인 경우

$$\begin{aligned} \frac{1}{2} &= 0.5 \\ &= \frac{5}{10} \\ &= \frac{4}{10} + \frac{9}{10^2} + \frac{9}{10^3} + \cdots \\ &= 0.499\cdots \end{aligned}$$

로서 유한소수 0.5는 무한소수 0.499…와 같아진다. 여기서 모든 소수를 무한소수로 표현하기로 약속함으로서 소수의 표현을 일의

적으로 나타내도록 하자. 즉, 0.1의 경우 0.099…로 표현하고 $(0.1011)_2$는 $(0.101011\cdots)_2$로 표현한다.

마지막으로 진법에 관한 이야기 중 재미있는 집합 하나를 소개하고자 한다.

정 의 10.10. $C=\{\sum_{n=0}^{\infty}\frac{x_n}{3^n} \mid x_n=0$ 혹은 $2\}$

집합 C는 수학자 Cantor에 의하여 주어진 것으로 그의 이름을 따서 **칸토어(Cantor) 집합**이라 한다.

칸토어 집합을 수직선상에 표현해 보면, x_0가 0 혹은 2이므로 [0,1] 선분을 삼등분했을 때 가운데 부분이 나타나지 않는다. x_1이 0 혹은 2이므로 가운데 부분을 제외한 두 선분을 다시 삼등분했을 때 가운데 부분이 나타나지 않는다. 계속해서 남은 선분들을 삼등분하여 가운데 부분을 없애고, 남은 선분들을 다시 삼등분하여 양쪽의 선분만 취하는 방법을 무한히 계속함으로 남은 부분이 칸토어 집합이다. 그러면 선분 [0,1] 상에서 칸토어 집합에 속한 원소는 얼마나 될까?

정 리 10.11. 선분 [0,1]의 길이를 1로 했을 때 Cantor 집합에 남아있는 원소들의 길이의 합은 0이다.

증 명 선분 $I=[0,1]$의 길이가 1이면 삼등분하여 가운데 부분을 제거하고 남은 부분 $I_1=[0,\frac{1}{3}]\cup[\frac{2}{3},1]$의 길이는 $2\times\frac{1}{3}$이다. 다시 I_1의 두 선분을 각각 삼등분하여 가운데 부분을 제거하고 남은 부분

$I_2=[0,\frac{1}{3^2}]\cup[\frac{2}{3^2},\frac{3}{3^2}]\cup[\frac{6}{3^2},\frac{7}{3^2}]\cup[\frac{8}{3^2},1]$의 길이는

$2^2\times\frac{1}{3^2}$ 이다. 이러한 과정을 무한히 계속했을 때 남은 부분이 칸토어 집합이고 그 길이는 $\lim_{n\to\infty}\frac{2^n}{3^n}=\lim_{n\to\infty}(\frac{2}{3})^n=0$이 된다.

정 리 10.12. 칸토어 집합에 속한 원소는 [0,1] 선분 상에 있는 원소와 일대일 대응 된다. 즉, 칸토어 집합의 기수와 [0,1] 선분의 기수는 $\aleph_1$으로 같다.

증 명 $C=\{x \mid x=\sum_{n=0}^{\infty}\frac{x_n}{3^n}$, x_n은 0 혹은 $2\}$이고 선분 [0,1] 상에 있는 모든 점들을 2진수로 표현하면

$[0,1]=\{y \mid y=\sum_{n=0}^{\infty}\frac{y_n}{2^n}$, y_n은 0 혹은 $1\}$이다. 칸토어 집합의 원소 x를 [0,1] 상의 원소 y에 다음과 같이 대응 시킨다.

$$x=\sum_{n=0}^{\infty}\frac{x_n}{3^n} \mapsto \sum_{n=0}^{\infty}\frac{y_n}{2^n}=y$$

여기서 $x_n=0$이면 $y_n=0$, $x_n=2$이면 $y_n=1$이다. 그러면 위의 대

응은 전단사 함수이다. 즉, C와 [0,1]의 원소들은 일대일 대응이 되므로 같은 기수 $\aleph_1$을 갖는다.

위의 두 정리로부터 칸토어 집합의 상반된 두 성질을 볼 수 있다. 즉, 칸토어 집합 C의 선분의 길이는 0이고 집합의 농도(혹은 크기)는 선분 [0,1]과 같다. 이러한 관점에서 칸토어 집합은 "Small and Big set(작지만 큰집합)"이라 불리어 진다. 이러한 특이한 성질로 인하여 칸토어 집합은 수학이론을 연구하는 여러 분야에서 요긴하게 사용되어 지고 있다.

11

차원에 관한 이야기

우리가 살고 있는 공간을 3차원 공간이라 한다. 또한 대화 중 '차원이 낮다' 혹은 '고차원적 이다'란 용어를 쓰기도 한다. 본 장에서는 차원이란 용어의 수학적인 정의를 소개하여 먼저 차원의 의미를 분석하고, 생활 속에서 사용하고 있는 차원의 개념을 수학적인 견지에서 이해 하고자 한다. 또한 과학자들이 말하는 차원을 통하여 눈에 보이는 것 이상의 차원의 세계를 찾아가 본다.

집을 지을 때 가장 먼저 하는 것이 기초공사와 건축물의 골격을 세우는 일이다. 어떠한 집을 지을 것인지에 따라 그 공사의 내용은 한없이 달라 지게 된다. 공사하는 사람의 입장에서는 필요이상이 아닌 꼭 필요한 구조물을 만들어 주는 것이 가장 바람직한 일이 될 것이다. 건축물에 합당한 튼튼한 기초공사이다. 수학에서는 어떤 공간을 형성 하는데 꼭 있어야하고, 더 있을 필요 없는 이러한 원소들의 모임을 그 공간의 기저(base)라 정의한다.

실수들의 집합은 수직선상의 점들과 일대일 대응이 되어진다. 그래서 수직선상의 점들은 실수로 대신 할 수 있다. 0을 중심으로 오른쪽은 양수, 왼쪽은 음수로 표시된 수직선상의 모든 점들은 1에 적당한 실수를 곱하여 나타낼 수 있다. 0 점에서 x 점까지의 길이가 $|x|$이므로 x가 양수이면 $x=|x|\cdot 1$, x가 음수이면 $x=-|x|\cdot 1$이다. 이것은 수직선상의 모든 점이 1에 적당한 실수를 곱하므로서 표현되어짐을 의미한다. 즉, 수직선상의 모든 점은 스칼라곱의 연산에 의하여 1로부터 주어진다. 1은 실수의 **생성자**

(generator)가 된다. 이때 꼭 1이 아니라도 수직선상의 영 아닌 점 한 개에 적당한 스칼라곱을 행하여 다른 모든 점을 얻을 수 있다. 만약 $a \neq 0$이면 모든 실수 x는 $x = \frac{x}{a} \cdot a$로서 a에 스칼라 $\frac{x}{a}$를 곱하여 나타낼 수 있다.

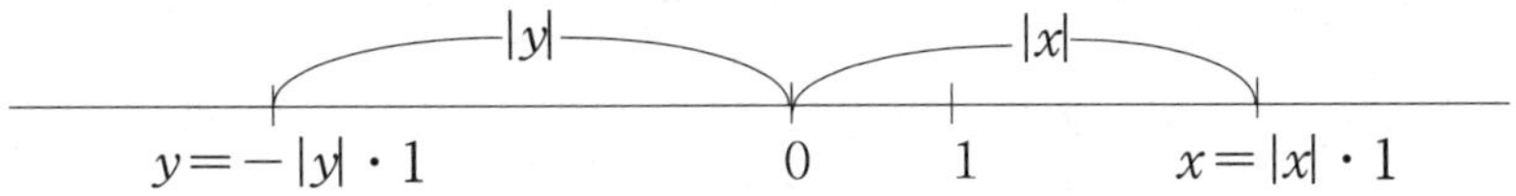

그림 11-1

이제 평면상의 점들을 생각해 보자. 평면상의 점들은 데카르트에 의해 좌표가 도입 되어 짐으로서 $\mathbb{R}^2$ 또는 $\mathbb{R} \times \mathbb{R}$로 다음과 같이 표현되어 진다.

$$\mathbb{R} \times \mathbb{R} = \{ (x, y) \mid x, y\text{는 실수} \}$$

$\mathbb{R} \times \mathbb{R}$상에서 두개의 연산, 더하기와 스칼라곱을 생각하자.

$$(x, y) + (u, v) = (x+u, y+v)$$
$$k(x, y) = (kx, ky), \quad k\text{는 실수}$$

그러면 위의 두 연산은 결합법칙, 분배법칙, 교환법칙 등의 성질들을 만족하고 $\mathbb{R} \times \mathbb{R}$이 벡터공간이 되게 한다.
$\mathbb{R} \times \mathbb{R}$의 생성자는 몇 개일까?
생성자의 원소는 위의 두 연산에 의하여 $\mathbb{R} \times \mathbb{R}$의 모든 다른 원소를 만들 수 있어야 한다. 이제 $\mathbb{R} \times \mathbb{R}$의 한 원소 (x, y)를 생각해

보면

$$(x, y) = (x, 0) + (0, y) = x(1, 0) + y(0, 1)$$

즉, (1,0)과 (0,1)에 실수 x, y를 각 각 곱해서 더하면 (x, y)가 된다. 다시 말해서 (1,0)과 (0,1)만 있으면 더하기와 스칼라곱에 의하여 일차결합으로 $\mathbb{R} \times \mathbb{R}$의 모든 점들을 얻을 수 있다. 이것은 (1,0)과 (0,1)이 $\mathbb{R} \times \mathbb{R}$의 생성자임을 의미한다. 또한 (1,0)과 (0,1)은 어떤 연산에 의해서도 서로를 만들 수 없다. 즉, 두 점 (1,0)과 (0,1)은 독립적이다. 수학적으로 이런 경우에 평면 $\mathbb{R} \times \mathbb{R}$은 두 개의 원소 (1,0)과 (0,1)을 **기저**(base)로 가진다고 한다.

평면의 경우를 일반화 하면 $\mathbb{R}^3$ 혹은 $\mathbb{R}^n$(n은 자연수)의 경우에도 그 기저를 구할 수 있다. $\mathbb{R}^3$은 {(1,0,0), (0,1,0), (0,0,1)}을 기저로 가지고, $\mathbb{R}^n$의 경우 {(1,0,⋯,0),⋯,(0,⋯,0,1)} 을 기저로 가진다.

선형대수학에서는 벡터공간의 기저의 개수를 **차원**이라 정의한다. 그러면 $\mathbb{R}$은 일차원, $\mathbb{R}^2$는 이차원, $\mathbb{R}^3$은 삼차원, ⋯, $\mathbb{R}^n$은 n차원임을 알 수 있다. 선형대수학에서는 벡터공간의 차원을 유한에서 무한까지도 확장한다.

수학적으로 전개되어진 차원의 개념을 이제 다른 각도에서 분석해 본다. 0차원은 기저가 없는 것이다. 즉, 생성자가 없다. 그냥 한 점만을 가진다.

1차원의 선은 0차원의 점들이 모여서 이루어진다. 0차원의 점 2개를 이으면 1차원 선상에 한 선분이 되고, 선을 절단하면 한 점이 생긴다. 수직선상의 0 점에서 길이가 1보다 작거나 같은 점들을 모으면 단위선분 [-1,1]이 나온다.

2차원의 평면은 1차원의 선들이 쌓여서 형성되어 진다. 1차원의 선분 3개로서 한 삼각형을 만들 수 있고, 평면을 절단하면 한 직선이 생긴다. 평면상에서 원점 (0,0)을 중심으로 길이가 1보다 작거나 같은 점들을 모으면 단위원이 생기고, 단위원의 중심을 지나는 선으로 절단하면 단위선분이 나온다.

3차원은 2차원의 평면들이 쌓여진 공간이다. A_4용지를 100장만 쌓아도 3차원 공간을 한개 형성한다. 2차원의 삼각형 4개로서 사면체가 주어지고, 3차원 공간을 절단하면 평면이 나온다. 3차원에서 원점 (0,0,0)을 중심으로 길이가 1보다 작거나 같은 점들을 모으면 단위구가 생기고, 단위구를 원점을 지나는 평면으로 절단하면 단위원이 생긴다.

3차원까지의 이론을 한 차원 높여서 4차원의 공간을 생각해보자. 수학적으로 4차원을 생각하는 것은 전혀 어려움을 갖지 않는다. $\mathbb{R}^4=\{\ (x, y, z, w) \mid x, y, z, w$는 실수 $\}$는 4차원 공간이다. 그러나 3차원까지 생각하였던 눈에 보이는 어떤 모습도 그려지지 않는다. 다만, 위에서 적용했던 사실들을 추정하여 보지만 구체적인 모양은 나타나지 않는다. 3차원 공간이 쌓여지면 어떤 모습이 될까? 3차원의 사면체 5개가 모이면 어떤 모양을 만들까? 그러나 4차원의 단위 공간(원점에서 길이가 1보다 작거나 같은 점들로 형성된 집합)의 중심을 지나는 3차원 공간으로 절단하면 단위구가 나올 것이라 추정해 볼 수 있다.

위에서 전개한 내용을 다음의 도표로 나타내어 본다.

〈표 11-2〉

차원	모양	단위공간의 모양	단위 공간	
0차원	점	·		
1차원	선	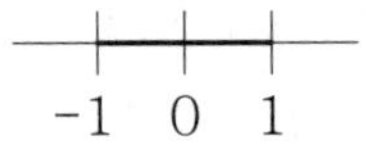	단위 선분	 2개의 점으로 된 선분
2차원	평면	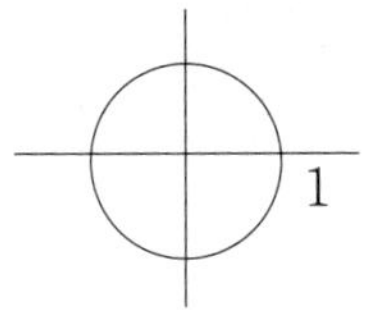	단위 원	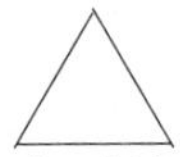 3개의 선분으로 된 삼각형
3차원	공간	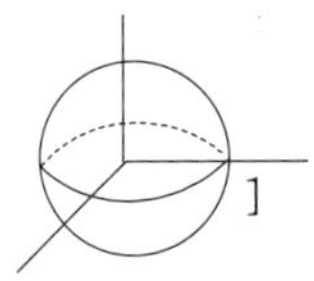	단위 구	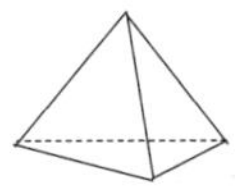 4개의 삼각형으로 된 사면체
4차원	?	?	단위 ?	5개의 사면체로 이루어진 ?

현재까지 우리가 눈으로 보고 생각하는 것을 그려서 나타낼 수 있는 것은 3차원에 국한되어 진다. 다만 4차원 공간은 추정하여 상상해볼 뿐이다. 그러면 이제 차원의 세계를 현실에 적용하여 설명해 보고자 한다.

0차원은 한 점으로 구성되어 있다. 이것은 심겨진 나무와 같은 상태이다. 물론 자리를 옮겨 심을 수 있지만 심겨진 나무는 그 자리만을 지키고 있을 뿐이다. 조금도 나무 자체가 그 주변을 움직이거나 느낄 수 없다.

1차원은 수직선과 같다. 이것을 선형세계라 한다. 송충이는 앞만 바라볼 수 있다. 앞뒤로 움직이기는 하지만 좌우에서 다가오는 감각을 느낄 수 없다. 움직일 수 없는 0차원의 세계에 있는 나무와 같은 상태보다는 낫지만 오로지 앞뒤로만 움직이고 느낄 수 있는 상태가 1차원의 선형세계이다.

2차원은 평면의 상태이다. 땅에 붙어서 움직이는 생물, 지렁이와 같은 상태이다. 2차원에서는 앞뒤, 좌우를 움직이고 느낄 수 있다. 동서남북을 마음대로 움직일 수 있는 상태이다. 1차원의 세계에 비하면 비교할 수 없이 넓은 세계이다. 아마 1차원에서 생활하던 사람이 2차원에서 산다는 것은 우리나라에서만 살다가 국제무대에 진출한 사람의 경우에 비유할 수 있을 것이다.

3차원은 우리가 살고 있는 공간이다. 사람은 전후, 좌우, 상하를 움직일 수도 있고 느끼고 볼 수 있다. 또한 한 사람의 현재 있는 위치는 전후, 좌우, 상하의 세 방향을 정함으로 나타내어진다. 우리가 살고 있는 이 공간상의 모든 물체는 이 세 가지 방향만 나타내면 그림으로 표현 되어진다. 또한 물체의 움직임에 따라 그 세 가지 방향이 다르게 표현되어지는 것이다. 전후, 좌우, 상하를 나타내는 수치만 있으면 그 위치를 알 수 있다. 지도상에서 위도와 경도 그리고 고도(또는 해저)가 지구상의 모든 물체의 위치를 나타낸다. 1차원의 상태와 2차원의 상태에서 변화가 아주 컸다고 여겼으나, 2차원과 3차원의 차이도 만만치 않다. 땅에서 농사만 짓고 살던 사람이 하늘을 날고, 해저나 지하의 무궁무진한 자원을 이용하며 살아가는 삶에서 엄청난 변화를 누리는 것이다.

그러면 우리가 느낄 수도 볼 수도 그리고 그릴 수도 없는 4차원의 세계는 어떻게 상상해 볼 수 있을까? 앞에서 2차원 공간을 절단하면 점이되고 3차원 공간을 절단하면 평면이 나오는 것을 보았다. 그러면 4차원 공간을 절단한 것은 3차원 공간이 되며, 4차원 단위공간의 중심을 절단하면 구가 되어야 한다. 이 추정은 3차원 공간에 한정되어진 우리의 사고 안에서는 그려지지 않는다. 우리는 사람이 살고 있는 3차원 공간을 휘감고 있는 4차원의 세계를 부정할 수 없다. 그래서 신학에서는 신의 세계를 4차원으로 표현하기도 한다. 2차원의 세계에서 살고 있는 사람이 3차원의 세계에 존재하는 자신의 머리 위나 발아래 있는 사람을 전혀 느끼지 못하듯이, 3차원의 세계에서 살고 있는 우리가 신의 존재를 우리의 영역에서 설명하고 보여줄 수 없음을 의미한다. 4차원 이상의 공간에 존재하는 신의 존재를 가시적인 표현으로는 입증할 수 없지만 인정하지 않을 수 없음을 의미한다.

한편, 아인슈타인은 3차원의 공간에 '시간'이라는 차원을 도입하여 현재를 기점으로 과거와 미래로 나타내는 4차원의 시공간이란 개념을 확립하였다. 이것은 우주 내에서 일어난 사건을 정확히 정의하는 데는 사건이 일어나는 장소를 3차원으로, 시간을 1차원으로 나타냄으로 4차원의 요소로 결정되어 진다는 것이다. 그러나 1919년에 폴란드의 수학자 테오도르 칼루자(Teodor Kaluza)는 아인슈타인의 4차원 이론에 반기를 들어, 우주공간은 3차원이 아니라 더 많은 차원으로 구성되어 있을 것이라 주장하였다. 칼루자의 이 '고차원 공간 이론'은 많은 세월이 흐른 후 물리법칙에 변화를 가져올 새로운 이론으로 관심을 끌었고 현재도 과학자들의 감탄을 자아내고 있다. 그 후 칼루자의 아이디어를 이어받은 스웨덴의 수학자 오스카 클라인(Oscar Klein)은 "우리가 살고 있는 우주 공간은 스케일이 큰 차원과 좁은 영역 속에 감추어진 차원이 함께 공존하고 있다"는 결론을 내렸다. 그 후 물리학자들은 '좁은 공간 속에 또 하나의 차원이 존재할 수도 있다'고 주장하는 이 이론을 가리켜 '칼루자-클라인 이론(Kaluza-Klein Theory)'이라고 불러왔다. 칼루자-클라인 이론을 여기서 충분히 설명할 수는 없지만 그 이론이 제기될 수 있었고 물리학자들에게 받아들여질 수 있었던 이유를 다음의 예를 들어 설명해 보고자 한다.

폭이 수백 미터쯤 되는 계곡을 잇는 호스가 있다고 하자. 멀리서 보았을 때 그림 11-3과 같이 이 호스는 하나의 끈으로 보일 것이다. 즉 호스는 '일차원적 물체'이다. 만일 개미가 이 호스 위를 기어간다고 했을 때 그 개미의 위치는 계곡 한 끝에서 개미가 있는 곳까지의 거리로 나타낼 수 있다. 하나의 숫자, 일차원적인 표현으로 개미의 위치를 말할 수 있다. 그러나 호스를 그림 11-4와 같이 확대해서 보면 개미는 하나의 숫자로 표현되어지는 전후로만 움직이는 것이 아니고 호스의 둘레를 돌고 있으므로 원의 '시계방향과 시계 반대 방향'을 나타내는 한 차원을 더 첨가하여야만 정확한 표현이 되어지는 것이다. 즉 호스위의 개미는 선형공간이 아니고 2차원 공간으로 표현되어져야 한다. 이것은 3차원 속에 감추어진 공간이다. 칼루자와 클라인은 이렇게 우주는 3개의 대형차원과 1개의 극소형차원으로 이루어진 4차원의 공간을 갖고 있다고 주장한 것이다. 그러면 아인슈타인이 주장하였던 시공간은 5차원이 된다.

참조, 엘레건트 유니버스, 브라이언 그린 저, 박병철 역.

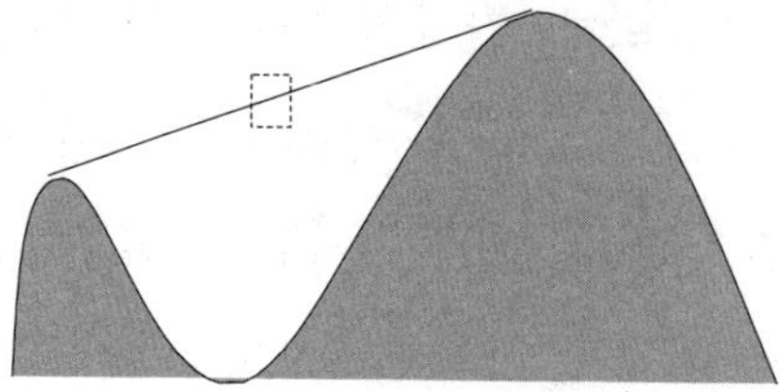

그림 11-3

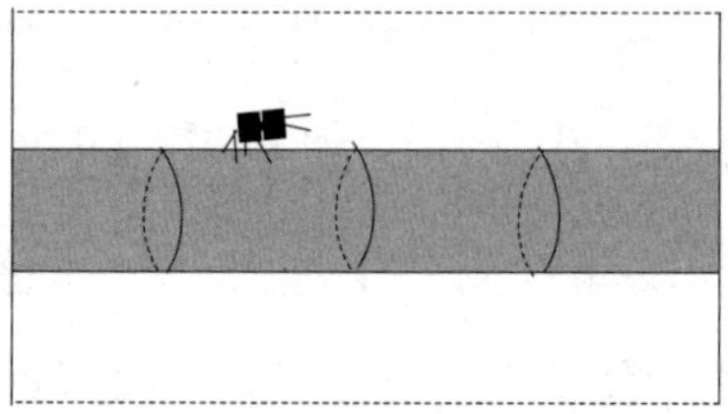

그림 11-4

12
공평한 분배

1. 적절한 조각

50개의 사탕이 있다면, 5명의 아이들에게 공평하게 나누는 방법은 무엇인가?

초등학교 시절에 이러한 문제를 많이 접했을 것이다. 이것은 전형적인 정수 나눗셈의 응용이다. 조금 놀라운 사실이 될지도 모르겠지만, 이 장에서는 나눔에 관한 이야기를 다른 각도에서 생각해 보려고 한다.

초등학교 문제에서 함축하고 있는 가정은 사탕이 모두 똑같다는 것이다. 그러나 똑같지 않다면? 만약 사탕이 서로 다르고(딸기 맛 11개, 포도 맛 9개, 사과 맛 13개, 여러 색깔의 계피 맛 17개), 그에 따른 잠재적 가치가 달라진다면? 거기에다, 대부분의 경우에서처럼 아이들이 서로 다른 가치를 가지고 있다면(민수는 두 개의 포도 맛보다 1개의 딸기 맛을 원하고 사과 맛은 싫어하고 초록색 계피 맛보다는 노란색을 좋아한다. 유미는 딸기 맛보다는 포도 맛 조각을 조금 더 좋아하고 초록색 계피 맛을 좋아하지만 노란색은 좋아하지 않는다. 등 등)? 이러한 상황에서는 문제가 복잡하게 되고, 아이들 사이에 사탕을 공평하게 나눈다는 것은 희망이 없어 보이게도 한다. 실제로, 적절한 환경 아래서는 공평한 분배 방법이

참조, Excursions in Modern Mathematics, Peter Tannenbaum and Robert Arnold.

라는 비교적 간단한 방법으로 해결할 수 있다. 더욱이 이것은 마술과도 같이 아이들에게 공평하게 나눠줌으로 그들이 만족하도록 하고도 몇 개의 사탕이 남게 할 수도 있다.

이 장에서는 몇 가지 공평한 분배 방법을 소개하고 그들의 원리와 적용할 수 있는 가정들을 소개 하려고 한다. 여러 가지 공평한 분배 방법에 대한 가정들을 소개하기 전에, 생각해 보아야 할 중요한 문제가 있다. 이 주제가 그렇게 중요한가? 다섯 명의 어린 아이들이 사탕을 공평하게 분배받는 것에 대해 누가 크게 신경 쓰겠는가? 그러나, 잠시 생각해 보면, 아이들과 사탕에 관한 문제는 자주 일어나는 문제에 대한 암시를 준다. 어떤 물건이나 물건들의 집합이 각각의 관계자들이 공평하게 분배되었다는 만족감을 얻을 수 있도록 그들에게 분배할 수 있는가?

다음은 공평한 분배라는 공통 주제를 가진 여러 문제들이다. 상속자들에 대한 유산의 분배, 이혼 전에 공동 재산의 분배, 한 구획의 토지에 대한 분할, 라디오와 텔레비전 방송국에 대한 전파의 배당, 각 지역에 대한 국회의원의 자리 수 할당.

2. 공평한 분배 문제와 공평한 분배 방법

이 부분에서는 공평한 분배 문제와 그것들을 해결할 수 있는 방법들(fair division schemes) 사이의 특성을 분명히 하려고 한다.

모든 공평한 분배 문제의 구성 요소는 P_1, P_2, …, P_N의 참여자들과 여기에서 S라고 하는 물건들이다. 문제는 S를 참여자들이 각각의 가치 기준에서 공평한 몫이 되도록 S_1, S_1, …, S_N으로 N 등분하는 것이다.

공평한 몫이란 무엇인가? **공평한 몫**이란 그것을 받는 참여자의 입장에서 볼 때, 물건 S의 전체 가치에서 최소한 1/N의 가치를 얻는 것이다. 예를 들어서 다섯 명의 참여자가 있을 경우 참여자 X의 입장에서 볼 때, 그의 몫이 전체의 1/5(20%) 또는 그 이상이 될 때 참여자 X에 대한 공평한 몫이 된다.

공평한 분배 문제에서 함축하고 있는 가정은 각각의 참여자가 자신의 몫이 공평한지 그렇지 않은지 판단할 수 있는 능력이 있다는 것이다. 사실 우리는 좀 더 많은 가정을 전제로 해서 각각의 참여자의 몫에 대한 가치를 분수로 나타낼 수 있노록 하겠다(나에게 이 조각은 전체의 1/3의 가치를 가진다. 다른 조각은 전체의 3/17의 가치를 가진다. …). 그런데 사람들은 사물에 대한 가치의 정확한 양을 표시하는데 어려움을 느끼기도 한다. 그리니 가치를 매기는 일은 일상의 삶 속에서 흔히 일어나는 일이다. 경매에서 입찰할 때, 중고차의 가격을 제안할 때, 반대의 성을 가진 사람의 외모에 대한 점수를 매길 때 이러한 경험을 하게 된다. 더 나아가서, 이러한 능력은 모두 타고난 능력이다. 따라서 공평한 분배 방법에서 각각의 참여자들이 이런 능력을 가졌다고 전제하는 것은 합리적이라고 할 수 있다.

공평한 분배 방법이란 특정한 형태를 가진 공평한 분배 문제를 해결할 수 있는 모든 체계적 절차를 뜻한다.(곧, 여러 종류의 공평한 분배 문제에 대해 논의하게 될 것이다.) 다음에는 공평한 분배 방법이 만족해야 할 조건들이 있다.

· 절차는 확고해야 한다. 이것은 규칙을 따를 경우, 절차에 의

해 S가 공평하게 분배될 것이 보장되어야 한다.

· 절차는 참여자들 간에 내부적으로 해결할 수 있어야 한다. 이것은 절차에 심판, 중재인, 부모님과 같은 외부적 요소의 중재를 필요로 하지 않는다는 것이다.

· 절차는 참여자들이 서로의 가치 기준에 대한 정보가 전혀 없음을 가정한다. 이것은 어떤 참여자도 다른 참여자가 좋아하는 것과 싫어하는 것에 대한 정보가 없음을 뜻한다.

· 절차는 참여자들이 이성적임을 가정한다. 이것은 참여자의 가치와 전략은 논리에 의한 것이지 감정에 의한 것이 아님을 뜻한다.

3. 공평한 분배 문제의 형태들

물건 S의 특성에 따라, 공평한 분배 문제는 세 가지 형태(연속적인 것, 불연속적인 것, 혼합형)로 분류된다.

연속적인 공평한 분배 문제에서는 S를 무한히 많은 방법으로 나눌 수 있고, 몫은 임의의 작은 양만큼도 증가될 수도 있고, 감소될 수도 있다. 연속적인 공평한 분배 문제의 전형적인 예는 한 구획의 땅, 케이크, 피자, 아이스크림, 포도주 한 병 등을 나누는 것이다. 많은 양의 돈은 이론적으로는 연속적이지 않지만(1원짜리는 나눠지지 않는다), 실용적인 목적으로는 그렇게 간주되기도 한다. (요즘 1원짜리에까지 신경 쓰는 사람은 없다).

공평한 분배 문제는 S가 나누어지지 않는 물건들(집, 자동차, 배, 귀금속, 등)로 이루어진 경우 **불연속적**이라고 한다. 대부분의 사탕은 이론적으로는 연속적이지만 실용적인 목적으로는 불연속적이다.(딱딱한 사탕은 부스러지지 않고 나누기 힘들고 ; 말랑한 사탕은 나누는 과정에서 지저분해 진다.) 그리고 편의를 위해서 이 장에서는 사탕은 나누어질 수 없고 불연속적이라고 가정하겠다.

혼합형은 연속적인 것과 불연속적인 것이 섞인 분배 문제이다. 자동차, 집, 한 구획의 땅을 포함하는 재산을 나누는 것은 혼합형의 분배 문제이다.

공평한 분배 문제가 연속적인지, 불연속적인지, 혼합형인지에 따라 해결책을 찾기 위해서는 서로 다른 전략이 필요하다. 이 장에서 우리는 몇몇의 서로 다른 연속적인 공평한 분배 문제를 다루는 방법과 두 개의 서로 다른 불연속적인 공평한 분배 문제를 다루는 방법을 소개하겠다. 혼합형의 문제는 연속적인 부문과 불연속적인 부문으로 나누어서 해결할 수 있으므로 따로 취급하지 않겠다.

이제, 가장 잘 알려진 공평한 분배 방법인 분할-선택 방법부터 시작한다.

1) 분할-선택 방법(Divider-Chooser Method)

이 전통적인 방법은 두 명의 참여자가 관련된 공평한 분배 문제에서는 언제나 쓸 수 있다. 이 방법은 흔히 'you cut – I choose' 방법으로 알려져 있는데, 대부분의 사람들은 알게 모르게 써 본 적이 있다. 이름에서 알 수 있듯이 한 사람은 케이크(연속적인 물건 S를 은유하는 단어로 '케이크'를 사용하겠다.)를 두 조각으로 자르고, 다른 한 사람은 자기가 원하는 것을 고르게 된다. 제대로 실행될 경우, 이 방법에 의해서 두 참여자는 최소한 전체의 절반의 가치를 가지는 몫을 각각 얻을 수 있다. 나누는 사람은 나눌 수 있다는데서 이것을 보장받고, 선택하는 사람에게는 두 부분으로 어떤 물건이 나누어졌을 경우 둘 중 적어도 하나는 전체의 1/2 이상의 가치를 가질 것이다.

예 제 12.1. 첫 데이트에서 민수와 유미는 놀이동산에 갔다. 그들은 이천 원짜리 상품 추첨권으로 그림 12-1에 있는 것과 같은 초코렛-딸기 케이크를 땄다(사실 그들은 빨간색 스포츠카에 마음이 있었지만, 아무 것도 없는 것보다는 3등 상품이 나왔다). 그들은 천 원씩 내서 표를 샀으므로, 분할-선택 방법으로 케이크를 나누는 것이 가장 좋은 방법이라는 결론을 얻었다. 민수는 나누는 사람이 되기를 지원했다. 민수는 딸기와 초코렛 모두를 좋아하므로 그림 12-2에서처럼 정확하게 지름을 따라 잘랐다. 민수에게는 각 조각이 똑같은 크기를 가지는 것이 중요할 뿐, 초코렛과 딸기의 비율은 관심의 대상이 되지 못한다.(그에게 초코렛과 딸기의 가치는 같다.)

그림 12-1

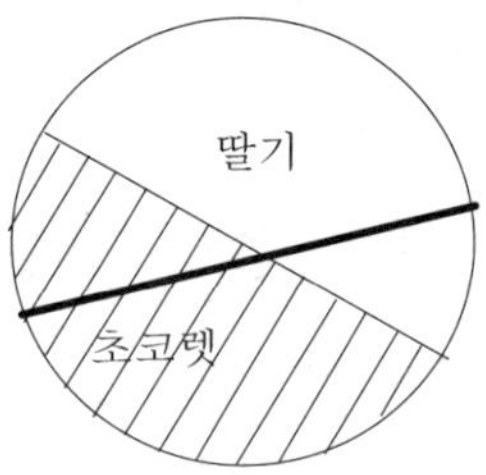

그림 12-2

그들의 첫 번째 데이트이므로 민수는 유미가 좋아하는 것과 싫어하는 것을 모르고, 특히 유미가 초코렛을 몹시 싫어하고 전혀 먹지 않는다는 것을 모른다. 그녀의 가치 기준에서는 초코렛 부분은 전혀 가치가 없고 케이크에 대한 모든 가치는 딸기 부분에 있다. 그녀의 선택은 분명하다. 그녀는 75%의 딸기와 25%의 초코렛을 포함하는 윗부분을 선택할 것이다. 민수는 그의 가치 기준에서 볼 때 전체의 1/2의 가치를 지닌 몫을 얻지만, 유미는 그녀의 가치 기준에서 볼 때 전체의 3/4의 가치를 지닌 몫을 얻는다.

예제 12.1에서 알 수 있듯이 분할-선택 방법은 공평한 분배에 대한 우리의 욕구를 만족시키지만(각 참여자들은 그들의 기준에서 최소한 전체의 1/2의 가치를 지닌 몫을 얻는다.), 선택하는 사람에게 절대적으로 유리하다. 이러한 문제점을 해결할 수 있는 가장 간단한 방법은 무작위로 나누는 사람과 선택하는 사람을 결정하는 것이다(동전 던지기, 제비뽑기, 등).

두 명을 위한 분할-선택 방법은 두 명 이상인 경우에 여러 형태로 일반화된다. 이 장에서는 세 가지를 소개 하겠다 ; 홀로분할 방법, 홀로선택 방법, 감축 방법. **홀로분할 방법**에서는 한 명의 참여자는 나누는 사람이고 나머지는 선택하는 사람이다. **홀로선택 방법**은 한 명의 참여자는 선택하는 사람이고 나머지는 나누는 사람이다. **감축 방법**에서는 모든 참여자에게 나누는 사람과 선택하는 사람 모두가 될 기회가 주어진다.

이러한 방법들을 소개하기 전에 전제가 되는 중요한 가정이 있다 : 물건 S의 전체 가치는 그것을 잘라서 나눈다고 해도 감소되지 않는다는 것이다. 따라서 이론적인 케이크를 자를 때는 부스러기가 생기지 않는다.

가. 홀로분할 방법(Lone Divider Method)

간단함을 고려해서, 세 명의 참여자가 있을 경우의 이 방법을 설명하겠다. 이 경우에는 한 명의 나누는 사람과 두 명의 고르는 사람이 있다. 나누는 사람을 고르는 가장 공평한 방법은 무작위 추출법이다.(주사위 던지기, 제비뽑기, 카드 뽑기 등) 이제 민수는 나누는 사람으로 유미와 미나는 고르는 사람으로 뽑혔다고 하자.

행동 1(나누기). 나누는 사람은 케이크를 자신이 보기에 공평하게 1/3씩이 되도록 세 조각으로(S_1, S_2, S_3) 나눈다.

행동 2(선택). 각각의 고르는 사람은 개별로 어느 조각들이 공평한 몫(최소한 1/3의 가치를 지님)으로 생각되고 받아들일 수 있는지 선택한다.(보통은 종이 조각에 써서 한다.)

행동 3(분할). 누가 어느 것을 가져가나? 각자의 선택에 따라, 여러 가지 경우가 생길 수 있다.

경우 1. 적어도 한 명은 한 조각 이상을 공평한 몫이라고 선택한다. 이러한 경우에는 모든 참여자가 공평하다고 생각하는 조각대로 분배하는 것이 가능하다.

예 제 **12.2.** 유미: {S_1, S_2}(유미는 S_1, S_2 둘 다 공평하다고 생각한다.), 미나: {S_1}.

케이크에 대한 공평한 분배는 다음과 같이 가능하다: 유미는

S_2, 미나는 S_1, 민수는 S_3를 갖는다.

예 제 12.3. 유미: $\{S_1, S_3\}$, 미나: $\{S_1, S_3\}$.

이러한 경우 S_2는 민수에게 주어지고 S_1과 S_3를 고르는 사람들 사이에 분배한다. 가장 공평한 방법은 동전을 던져서 이기는 사람이 먼저 고르는 것이다. 어떠한 경우에도 모든 사람이 공평하다고 생각되는 조각을 가져가게 된다.

경우 2. 두 명의 고르는 사람이 서로 다른 한 조각씩을 공평한 것으로 고른다. 다시 한번 모든 사람이 공평하다고 생각하는 대로 케이크를 분배할 수 있다.

예 제 12.4. 유미: $\{S_3\}$, 미나: $\{S_2\}$.

이러한 경우 민수에게 S_1, 유미에게 S_3, 미나에게 S_2를 줌으로써 공평한 분배가 이루어진다.

경우 3. 고르는 사람 둘 다 한 조각씩을 받아들일 수 있는 것으로 고르고, 둘 다 같은 조각이다. 이러한 경우 두 명의 고르는 사람이 같은 한 조각을 탐내므로 교착 상태가 된다. 교착 상태를 깨는 방법은 다른 두 조각 중 하나를 나누는 사람에게 줌으로써 그를 제외시키는 것이다(이 과정에서 가장 공평한 방법은 나눈 사람에게 둘 중 하나를 고르게 하는 것이다.). 나누는 사람이 자기 조각을 고른 뒤에는 나머지 두 조각을 다시 합쳐서 하나로 만든 뒤

분할-선택 방법으로 두 명의 고르는 사람에게 분배한다. 복잡하게 느껴질지도 모르겠지만, 다음 예를 보면 이 방법이 어떻게 진행되는지 알 수 있을 것이다.

예 제 **12.5.** 유미: {S_1}, 미나: {S_1}.

이러한 경우 민수는 S_2와 S_3사이에서 고르게 된다. 그가 S_2를 골랐다고 하자. 이제 나머지 S_1과 S_3가 하나로 합쳐진 뒤 유미와 미나 사이에 분할-선택 방법으로 나눈다.

이것이 어떻게 원래 케이크에 대한 공평한 분배가 되는가? 명백히, 민수는 불평할 이유가 없다. 그가 케이크의 공평한 1/3이라고 생각되는 S_2를 얻었기 때문이다. 유미와 미나에 대해서는, 어느 누구도 S_2를 케이크의 1/3의 가치를 가진 것으로 보지 않는다(그랬다면 S_2를 선택했을 것이다.). 그렇다면 둘 다 S_1과 S_3를 합친 것이 원래 케이크의 2/3 이상의 가치를 가지고 있다고 생각하는 것이 된다. 이 합친 조각을 둘 사이에 공평하게 나눈다면 둘 다에게 공평한 조각이 된다.(다시 말해서, 만약 $x > 2/3$이고 $y \geq x/2$이면 $y > 1/3$이 된다.)

위에서 설명된 세 명에 의한 홀로분할 방법은 참여자의 숫자에 관계없이 일반화될 수 있다.

다음의 예에서는 여섯 명의 참여자가 있는 어떤 상황에서 방법이 어떻게 적용되는지 설명하겠다.

예 제 **12.6.** 유미, 미나, 나영, 영아, 아진, 진우가 홀로분할 방법으로 케이크를 나누려고 한다. 카드를 뽑는데 영아가 가장 낮은 카드를 뽑았으므로 나누는 사람이 된다. 영아는 원래 케이크를 공평한 조각으로서 똑같은 가치를 가졌다고 생각되는 여섯 조각(S_1, S_2, S_3, S_4, S_5, S_6)으로 나누었다. 유미, 미나, 나영, 아진, 진우는 각각 종이에 공평하다고 생각되는 조각들의 이름을 적는다. 그 결과는 유미: {S_4, S_5}, 미나: {S_1, S_3}, 나영: {S_2, S_3, S_4, S_6}, 진우: {S_3} ; 그리고 아진: {S_1}이다.

여섯 조각(S_1, S_2, S_3, S_4, S_5, S_6)을 모든 사람이 만족하도록 나눌 수 없음을 주의하라. 미나, 진우, 아진 사이에 교착 상태가 된다. 세 명은 S_1과 S_3의 두 조각을 탐내고 있다. 여기에서 일단은 나머지 세 사람(유미, 나영, 영아)에게 나머지 네 조각(S_2, S_4, S_5, S_6) 중 세 조각을 분배한다. 먼저 유미와 나영이가 동전 던지기로 누가 먼저 고를 것인가를 정한다(영아는 나누는 사람이므로 구경한다). 유미가 이겨서 S_4를 골랐다고 하자. 이제 나영의 차례고, S_6을 골랐다고 하자. 영아에게는 모든 조각이 같은 가치를 가지므로 S_2와 S_5사이에서 임의로 고른다. 그가 S_2를 골랐다고 하자. 이 시점에서, 유미, 나영, 영아는 자기 조각에 만족한다고 할 수 있다. 나머지 S_1, S_3, S_5는 다시 합쳐서 한 조각($S_1+S_3+S_5$)을 만든 뒤 미나, 진우, 아진 사이에 홀로분할 방법으로 나눈다.

여기에서 의문이 가는 점이 딱 한 가지 있다 : 왜 합친 조각($S_1+S_2+S_3$)이 미나, 진우, 아진이 나눠 가지기에 합당한 가치를 가졌냐는 것이다. 해답은 간단한 분수의 덧셈 뺄셈으로 구할 수 있다 : 세 명 중 아무도 S_2 또는 S_4 또는 S_6가 전체의 1/6의 가치를 가졌다고 생각하지 않았으므로, ($S_2+S_4+S_6$)가 3/6=1/2의 가치를 가지지 않는다고 생각하는 것이 된다. 따라서 그들은 나머지 (S_1+S_3+S_5)가 전체의 절반 이상의 가치를 가졌다고 생각하는 것이 된다. 이것은 세 명이 만족감을 느끼도록 나누기에 충분한 양이다. 이제 미나, 진우, 아진이 행복하다 ; 유미, 나영, 영아는 좀 전에 행복해졌으므로, 모두가 좋은 결과를 얻은 셈이다.

나. 홀로선택 방법(Lone Chooser Method)

또다시, 세 명의 참여자가 있는 경우로 이 방법을 설명하겠다. 이 경우 한 명의 고르는 사람과 두 명의 나누는 사람이 있다. 평소와 마찬가지로 무작위 방법으로 누가 무엇이 될 것인가를 정한다. 미연이 고르는 사람이고 가언과 다람이가 나누는 사람이라고 하자.

행동 1.(첫째 나누기) 가언이와 다람이가 분할-선택 방법으로 케이크(그림 12-3)를 두 조각으로 나눈다. 가언이가 조각 1을 가지고 다람이가 조각 2(그림 12-4)를 가졌다. 둘 다 자신의 조각이 1/2 이상의 가치를 가졌다고 생각한다.

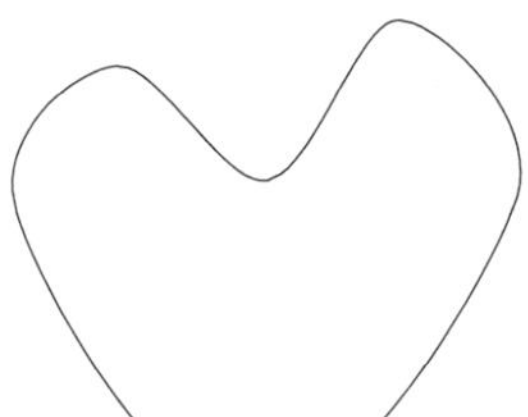

그림 12-3 원래의 케이크

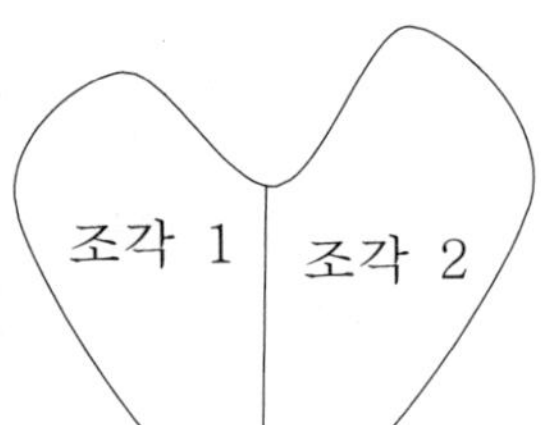

그림 12-4 첫째 나누기

분할-선택 방법으로 가언이(조각 1)와 다람이(조각 2) 사이에 케이크를 나눈다.

행동 2.(둘째 나누기) 가언이는 자신의 생각에 동등한 가치를 가진 세 조각으로 조각 1을 나눈다. 같은 방법으로 다람이는 조각 2를 나누다.(그림 12-5)

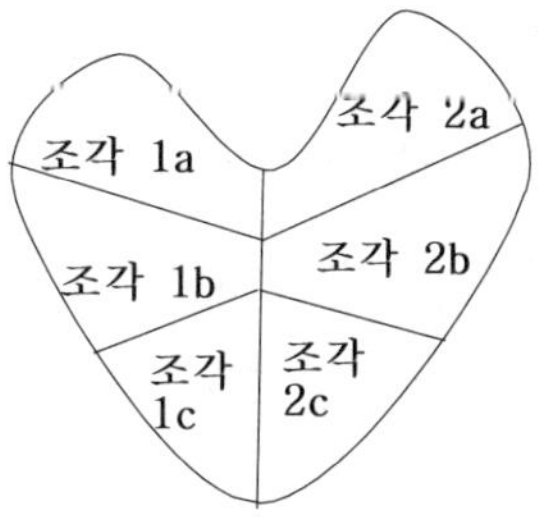

그림 12-5 둘째 나누기.

조각 1은 가언이의 가치에 따라 동등한 세 조각으로 나눠지고, 조각 2는 다람이의 가치에 따라 동등한 세 조각으로 나눠진다.

행동 3.(선택) 미영은 가언이의 세 조각 중 하나와 다람이의 세 조각 중 하나를 고른다. 이 두 조각은 미영의 몫이 된다. 가언이는 조각 1의 나머지 두 조각을 가지고, 다람이는 조각 2의 나머지 두 조각을 가진다. 그림 12-6을 보라.

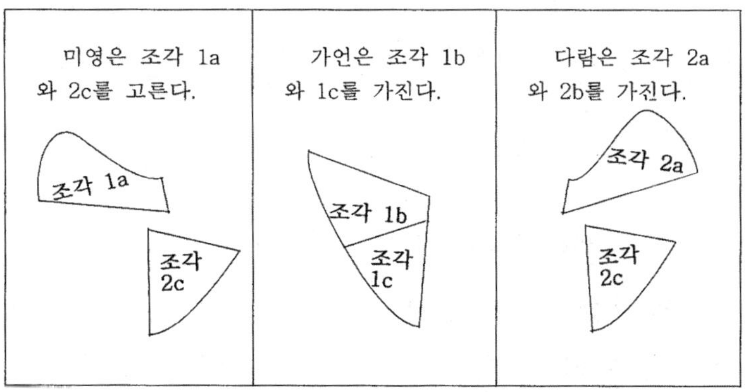

그림 12-6 선택

왜 이것이 케이크의 공평한 분배가 되는가? 첫째 나누기는 두 사람 사이의 공평한 분배이므로, 가언의 조각 1에 대한 선택은 최소한 1/2의 가치를 가진다. 그는 조각 1의 2/3를 가지므로. 그의 몫은 최소한 전체의 절반의 2/3의 가치를 가지게 되어 공평한 몫이 된다(2/3×1/2=1/3). 다람의 경우도 똑같이 해석된다. 그리고 미영에 대해서는 조각 1이 전체에 대해 얼마의 가치를 가질 것이다. 우리는 그 가치를 모르므로, 그것을 F라 하겠다. 조각 1과 조각 2는 합쳐서 전체를 이루므로 미영에게 조각 2의 가치는 $1-F$라 할 수 있다. 미영은 고르는 사람이고 조각 1a, 1b, 1c 중에 1a가 가장 마음에 들기 때문에 골랐을 것이다. 미영에게 1a의 가치는 최소한 F의 1/3이 될 것이다. 같은 방법으로 조각 2c도 미영에게 최소한 $1-F$의 1/3의 가치를 가질 것이다. 따라서

$$\frac{1}{3}F+\frac{1}{3}(1-F)=\frac{1}{3},$$

미영은 최소한 1/3의 가치를 갖게 되고, 케이크에 대한 공평한 몫이 된다.

홀로선택 방법을 N 참여자에 대한 일반적인 것으로의 확장은 독자들에게 맡기겠다. 일반화 작업은 홀로분할 방법만큼 복잡하지 않다.

다. 감축 방법(Last Diminisher Method)

우리는 이 방법을 다섯 명의 참여자가 있는 경우에서 설명하겠다. 이 방법은 간단하게 임의의 참여자가 있는 경우까지 일반화될 수 있다. 이 방법에는 지정된 나누는 사람과 고르는 사람은 없지

만, 시작하기 전에 참여자들은 임의로 순서가 정해진다(첫째 P_1, 둘째 P_2, …, 마지막 P_5). 끝날 때까지 참여자들은 이 순서를 지켜야 되고, 차수에 따라 진행된다.

1차. P_1은 케이크를 공평한 몫이(1/5) 된다고 생각하는 만큼 잘라 낸다. 이것은 현재상황에서 일단은 P_1의 차지가 된다. P_1은 정한 몫이 너무 작거나(그 조각으로 끝날 수도 있다), 너무 크지 않도록(다른 사람이 차지할 수 있다) 주의해야 한다. 이제 P_2는 통과하거나 참가할 수 있다. P_2는 P_1의 조각이 나쁜 선택(1/5보다 가치가 작다)이라고 생각되면, 통과하고, 나머지 부분의 케이크에서 공평한 몫을 노릴 수 있다(그의 생각에 케이크의 4/5 이상의 가치를 가졌다고 생각되는 부분에서). 다른 한편으로 P_1의 조각이 좋다고 생각되면(P_2에게 P_1이 조금 욕심이 많았다고 보였을 수 있다) P_1의 것에서 일부분을 떼어 내고 그의 조각으로 만들 수 있다. P_2가 이것을 선택하면, 그는 감축자가 된다. P_2는 자신의 몫을 정하는데 조심해야 한다. 너무 작아도(그것으로 끝날 수 있다) 너무 커도(다른 사람이 차지할 수 있다) 안 된다. 왜냐하면 P_2는 P_1의 조각의 일부분을 차지하고 또, 케이크의 나머지 부분을 노리기 위해서 남을 수는 없기 때문이다(자신의 부분을 차지하고 나머지 부분에서도 자신의 조각을 노릴 수는 없다!).

P_2가 감축자가 되면 P_1의 조각과 P_2의 조각의 차이는 케이크의 나머지 부분으로 되돌려지고, P_1은 나머지 부분을 노리는 참여자들의 그룹으로 되돌아간다. P_1은 이제 전체 케이크의 4/5 이상의 가치를 가진 부분에서 1/4을 노릴 수 있으므로 만족해야 할 것이다.

이제는 P_3의 차례다. P_3는 통과하고 나머지 부분을 노릴 수도 있고 현재의 조각(P_1의 것이거나 P_2의 것이거나)에 대한 감축자가 될 수도 있다. 이와 같이, P_4와 P_5도 차례로 현재 조각에 대한 감축자가 될 수도 있고, 나머지 부분을 노리기 위해서 통과할 수도 있다. 모든 참여자가 한 차례씩 기회가 있은 뒤에는, 마지막에 조각을 차지한 사람(감축자)이 그 조각을 갖게 되고 떠나야 한다.

2차. 1차에서 정해진 사람의 몫을 제외한 나머지 부분들은 다시 합쳐진다. 이제 나머지 네 명의 참여자가 앞의 과정을 되풀이한다. 모든 차례가 끝나면 감축자가 그의 몫을 차지하고 떠난다.

3차. 세 명의 참여자가 남았다. 물건의 나머지 부분으로 위의 과정을 되풀이한다. 감축자가 그의 몫을 차지하고 떠난다.

4차. 이제는 두 명의 참여자가 남았고 케이크의 나머지 부분은 분할-선택 방법으로 나눌 수 있다.

예 제 12.7. 다섯 명의 선원이 고립된 열대의 섬에 버려졌다. 그들은 최선의 방책으로 섬을 공평하게 나누어서 거기에서 평생 살기로 결정했다. 논쟁이 있은 뒤 감축 방법으로 섬을 나누기로 결정했다.

· 1차(그림 12-7)

<table>
<tr>
<td>
섬의 지도
참여자 : P_1, P_2, P_3, P_4, P_5
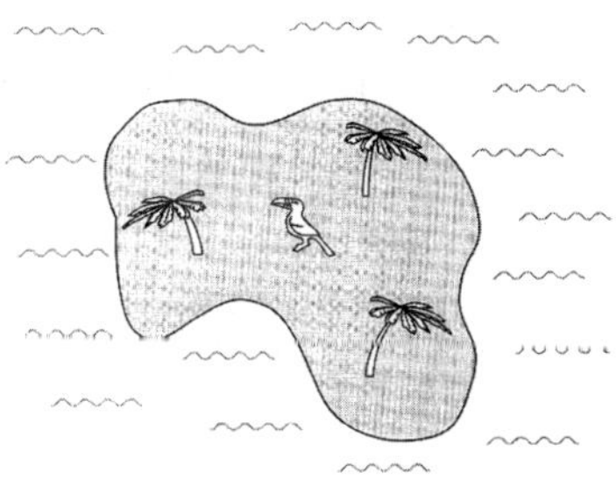
</td>
<td>
행동1(P_1)
현재 상황
감축자:P_1(C를 차지)
나머지:P_2, P_3, P_4, P_5(R를 노림)
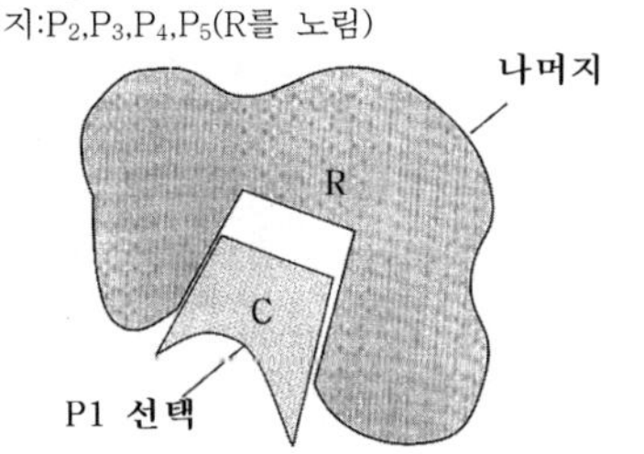

설명 : P_1은 C가 전체의 1/5, R이 전체의 4/5의 가치를 가졌다고 생각한다.
</td>
</tr>
<tr>
<td>
행동2(P_2)
통과
현재 상황
감축자:P_1(C를 차지)
나머지:P_2, P_3, P_4, P_5(R를 노림)
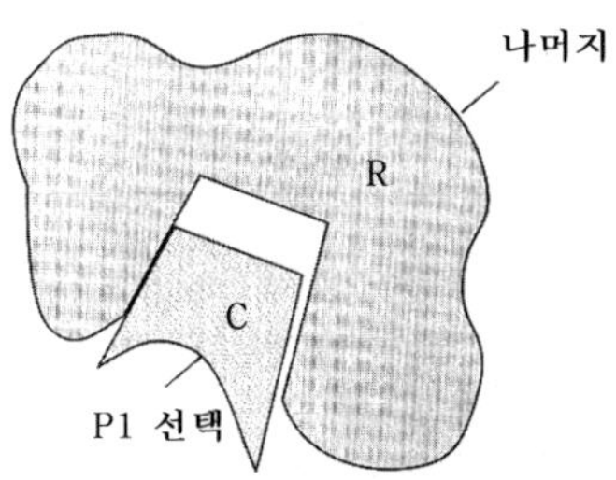

설명 : P2는 C가 전체의 1/5보다 가치가 작다 (또는 같다)고 생각하므로 R이 전체의 4/5 이상(또는 같다)의 가치를 가졌다고 생각한다.
</td>
<td>
행동3(P_3)
참가
현재 상황
감축자:P_3(새로운 C를 차지)
나머지:P_1, P_2, P_4, P_5(새로운 R를 노림)
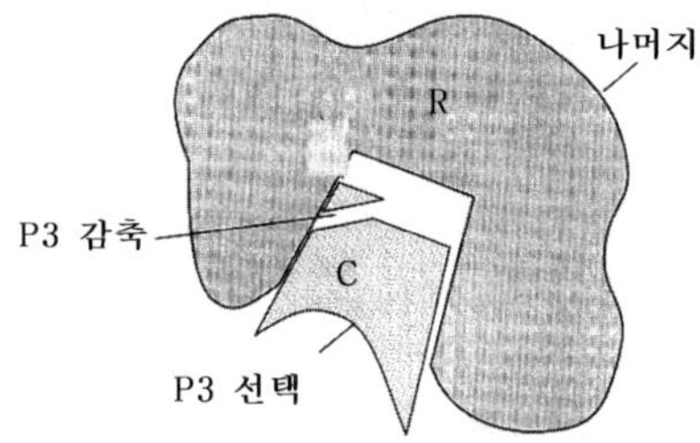

설명 : P_3는 P_1의 조각이 전체의 1/5 이상의 가치를 가졌다고 생각한다. P3는 자신의 생각에 정확하게 전체의 1/5의 가치를 가진 새로운 C를 잘라낸다. P1와 P2는 둘 다에게 4/5 이상의 가치를 가진 새로운 R을 노리게 된다.
</td>
</tr>
<tr>
<td>
행동4(P_4)
참가
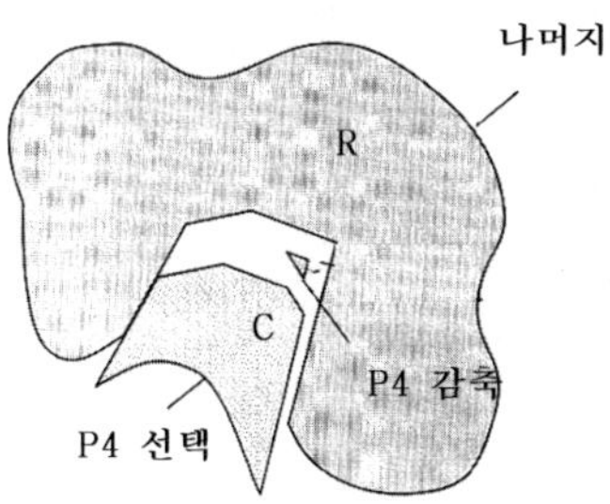

설명 : P_4는 P_3의 조각이 전체의 1/5 이상의 가치를 가졌다고 생각한다. P_4는 그것을 자신의 생각에 정확하게 전체의 1/5의 가치를 가진 새로운 C를 갈라낸다. P_1, P_2, P_3는 전체의 4/5 이상의 가치를 가진 새로운 R을 노리게 된다.
</td>
<td>
행동5(P_5)
통과
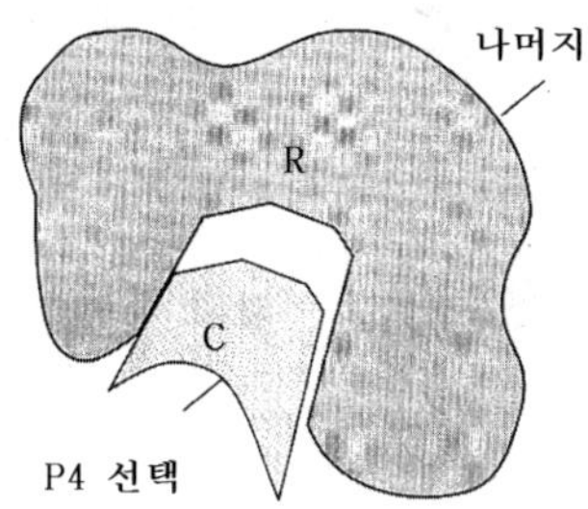

설명 : P_5는 C가 전체의 1/5보다 가치가 작다(또는 같다)고 생각하므로 R이 전체의 4/5 이상(또는 같다)의 가치를 가졌다고 생각한다.
</td>
</tr>
</table>

1차는 이제 끝난다(모든 참여자에게 한 차례씩 기회가 있었다). 1차의 결과는 C가 감축(P_4)에게 주어진다 ; 나머지 R은 나머지 네 명의 참여자들(P_1,P_2,P_3,P_5) 사이에 나누어질 것이다.

・2차 (그림 12-8)

나누어질 조각

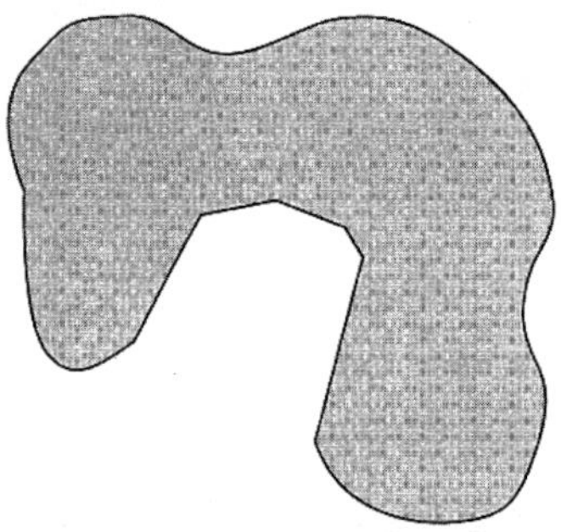

참여자:P_1,P_2,P_3,P_5

행동1(P_1)

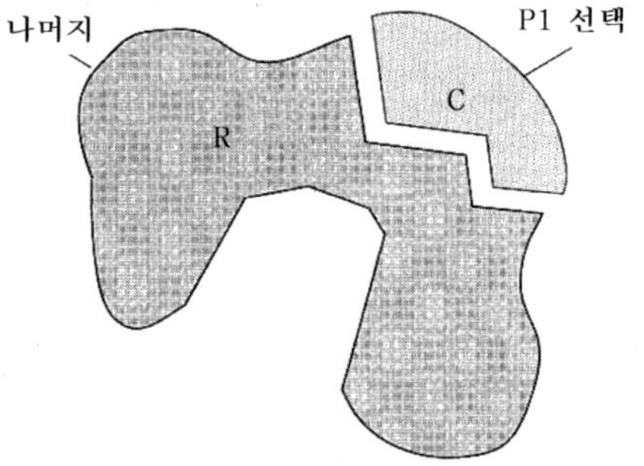

설명 : P_1는 C가 전체의 1/4의 가치를 가지고 R이 전체의 3/4의 가치를 가졌다고 생각한다.

행동2(P_2)통과
행동3(P_3)통과

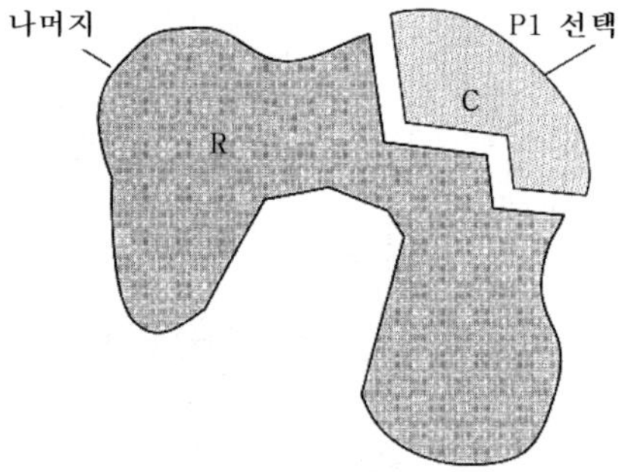

설명 : P_2와 P_3는 C가 전체의 1/4보다 가치가 작다(또는 같다)고 생각하므로 R이 전체 의 3/4 이상(또는 같다)의 가치를 가졌다 고 생각한다.

행동4(P_5) 참가

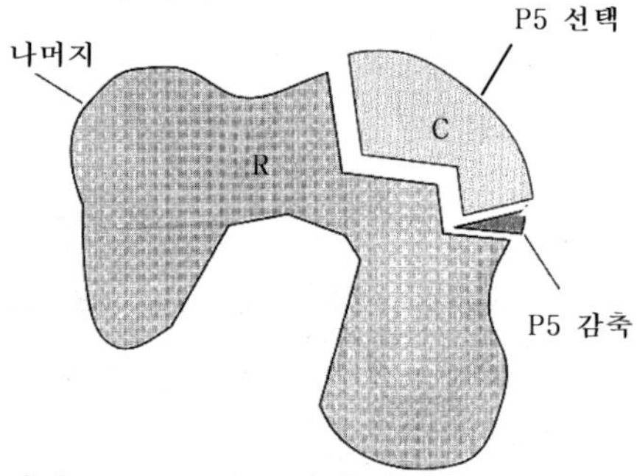

설명 : P_5는 P_1의 조각이 전체의 1/4 이상의 가치를 가졌다고 생각한다. P_5는 그것을 자신의 생각에 정확하게 전체의 1/4의 가치를 가진 새로운 C를 잘라낸다. P_1,P_2,P_3는 각자에게 전체의 3/4 이상의 가치를 가진 새로운 R를 노리게 된다.

2차는 이제 끝난다(모든 참여자가 한 차례씩 기회가 있었다). 2

차의 결과는 C가 감축자(P_5)에게 주어진다 ; 나머지 R은 나머지 세 명의 참여자들(P_1, P_2, P_3) 사이에 나누어질 것이다.

· 3차 (그림 12-9)

<table>
<tr>
<td>나누어질 조각
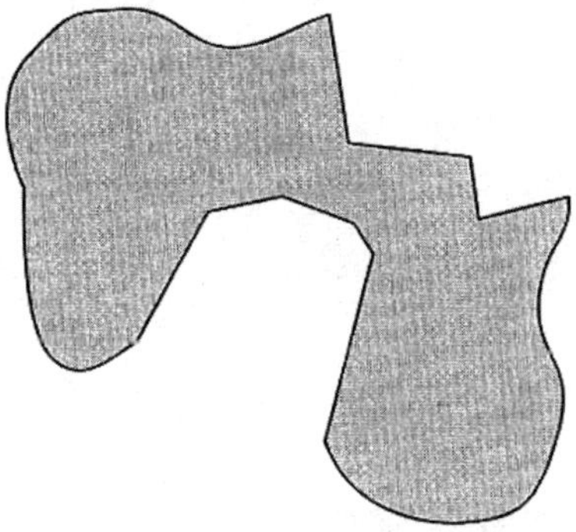
참여자: P_1, P_2, P_3</td>
<td>행동1(P_1)
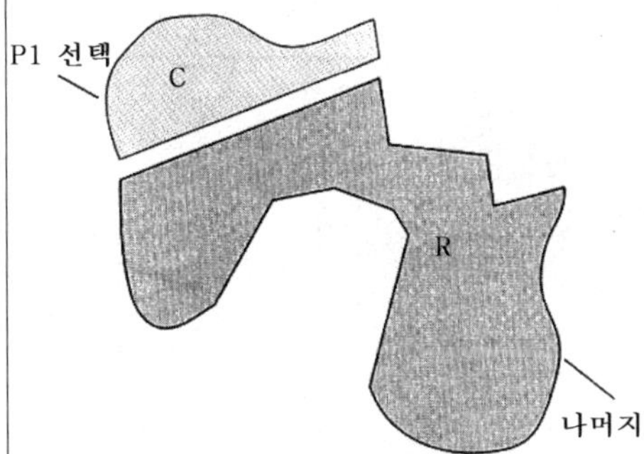

설명 : P_1는 C가 전체의 1/3의 가치를 가지고 R이 전체의 2/3의 가치를 가졌다고 생각한다.</td>
</tr>
<tr>
<td>행동2(P_2)
참가
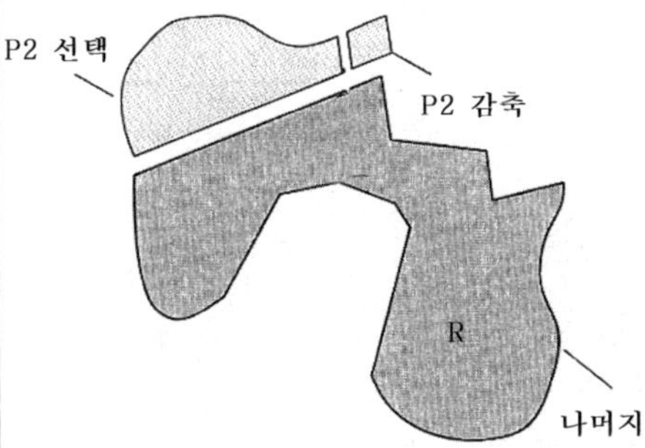

설명 : P_2는 P_1의 조각이 전체의 1/3 이상의 가치를 가졌다고 생각한다. P_2는 그것을 자신의 생각에 정확하게 잔체의 1/3의 가치를 가진 새로운 C를 잘라낸다. P_1는 전체의 2/3 이상의 가치를 가진 새로운 R을 노린다.</td>
<td>행동3(P_3)통과
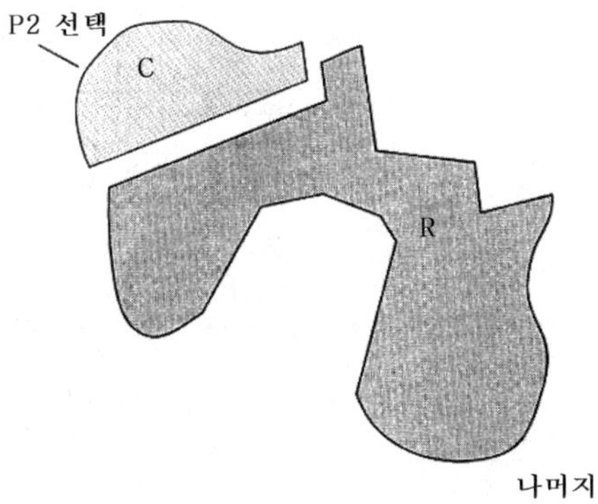

설명 : P_3는 C가 전체의 1/3의 가치가 작다(또는 같다)고 생각하므로 R이 전체의 2/3 이상 (또는 같다)의 가치를 가졌다고 생각한다.</td>
</tr>
</table>

3차는 이제 끝났다(모든 참여자가 한 차례씩 기회가 있었다). 3차의 결과는 C가 감축(P_2)에게 주어진다 ; 나머지 R은 나머지 두 명의 참여자들(P_1, P_3) 사이에 나누어질 것이다.

· 4차 (그림 12-10)

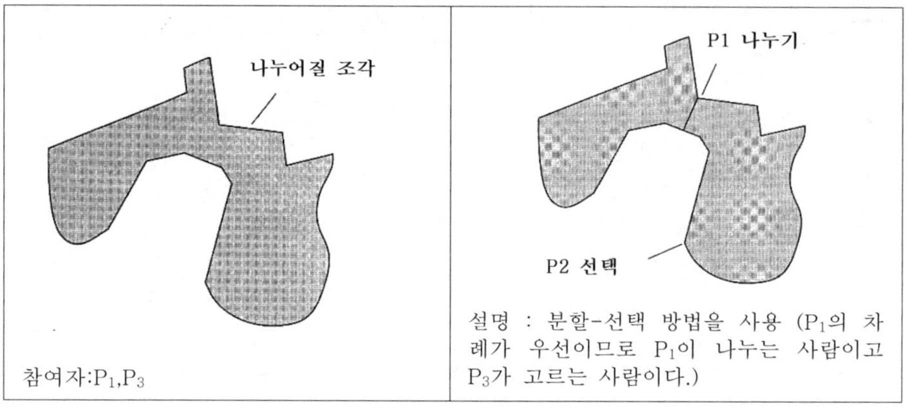

그림 12-10

섬에 대한 최종적인 분배가 그림 12-11에 있다.

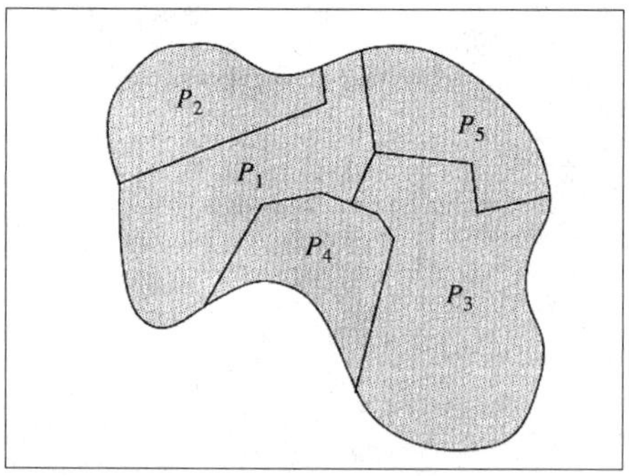

그림 12-11

다음의 두 절에서는 불연속적인 공평한 분배 방법을 살펴볼 것이다. 이 경우 S는 하나 또는 이상의 나눌 수 없는 물건(집, 차, 그림, 사탕 등)을 포함하고 있다.

2) 경매 방법(Method of Sealed Bids)

가장 잘 알려진 불연속적인 fair division scheme은 폴란드 수학자 Hugo Steinhaus에 의해 고안된 경매 방법이다. 이 방법을 설명하는 가장 쉬운 방법은 예를 통한 것이다.

예 제 **12.8.** 할머니는 그녀의 네 명의 손자, 손녀(가언, 나영, 다람, 라인)에게 세 개의 나누어지지 않는 물건들 집, 스포츠카, 피카소의 그림을 공평하게 나누라는 유언을 남겼다. 얼마간의 논의가 있은 뒤 누군가가 세 개의 물건을 팔아서 남은 돈을 네 명의 상속자들에게 공평하게 나눌 것을 제의하였다. 그러나 불행하게도 물건의 가치에 대한 서로 다른 의견(아래의 표에서 처럼)을 가져서 각 물건에 대한 합당한 매매 가격을 합의 보지 못했다. 그런데, 우리는 네 명의 손자, 손녀가 모두 정직한 사람들이고, 아래의 표에 있는 숫자는 물건의 가치에 대한 그들의 솔직한 생각을 천원 단위로 표시한 것이라고 가정한다.

(단위 천원)

	가언	나영	다람	라인
집	220,000	250,000	211,000	198,000
스포츠카	40,000	30,000	47,000	52,000
그림	280,000	240,000	234,000	190,000

최후의 방침으로, 그들은 모든 사람을 만족시킬 수 있는 방법을 알고 있다는 어떤 수학자의 의견을 듣기로 했다. 유산에 대한 그의 분배 방법은 다음과 같다.

· **가언**. 그의 추정에 의하면, 전체 재산에 대한 가치는 5억4천만원(이것은 가언이가 세 개의 물건에 대해 추정한 가치를 모두 더한 것이다.)이다. 그는 유산의 1/4에 대한 권리가 있으므로, 그의 공평한 몫은 추정치의 1/4인 1억3천500만원이다. 그는 그림의 그림에 대한 추정 가치가 네 사람 중에서 제일 높으므로, 그림을 소유하게 된다. 그런데, 그림은 그의 배당보다 훨씬 더 많은 가치를 지녔으므로 그 가치만큼 지불해서 유산에 보태어야 한다. 결론적으로, 그는 피카소의 그림을 소유하게 되지만 1억4500만원(2억8천만원-1억3500만원)을 지불해야 한다. 가언이는 각 물건의 가치에 대한 평가에 솔직하였으므로, 이러한 결과는 그에게 공평하고 만족스러운 것이다.

· **나영**. 그녀의 추정에 의하면, 전체 재산에 대한 가치는 5억2000만원이고, 이것에 대한 그녀의 배당인 1/4는 1억3000만원이다. 그녀의 집에 대한 가치가 네 사람 중에서 제일 높으므로, 나영은 집을 소유하지만 그녀의 집의 가치에 대한 추정치(2억5000만원)와 그녀의 공평한 몫(1억3000만원)과의 차이를 지불해서 유산에 보태어야 한다. 따라서 결과적으로 나영은 집을 소유하게 되고 차액인 1억2000만원을 지불해야 한다.

· **다람**. 그녀의 유산에 대한 추정치는 4억9200만원이고, 이것의 1/4인 그녀의 공평한 몫은 1억2300만원이다. 다람이는 네 사람 중에서 어떤 물건에 대해서도 최고의 가치를 부여한 것이 없으므로

그녀는 물건 중에는 아무 것도 가지지 못한다. 그러나 그녀는 자신의 몫인 1억2300만원을 현금으로 받게 된다.

· **라인**. 라인의 유산에 대한 추정치는 4억4000만원이고, 그의 공평한 몫은 1억1000만원이 된다. 그의 스포츠카에 대한 추정 가치가 제일 높으므로, 그것을 5200만원의 가치로 소유하게 된다. 그리고 나머지 5800만원(그의 몫과 스포츠카의 가치에 대한 차이)은 현금으로 받게 된다.

이 시점에서는 모든 상속자들이 공평한 몫을 받았으므로 만족할 것이다. 다음의 표는 진행 결과를 요약하고 있다.

	받은 물건	현금
가언	피카소의 그림	1억4500만원(+)지불
나영	집	1억2000만원(+)지불
다람	없음	1억2300만원(-)받음
라인	스포츠카	5800만원(-)받음
		8400만원의 잉여금

가언이와 나영이가 지불한 금액을 유산에 보태고 다람이와 라인에게 유산에서 지불된 금액을 빼면, 정말 놀라운 결과가 나올 것이다. 모든 상속자가 자신의 몫에 만족하고도, 8400만원의 잉여금이 남는다. 가장 공평한 것은 이 금액을 놀라운 방법을 고안해 낸 수학자에게 지불하는 것이다. 그러나 그는 겸손한 사람이므로, 이 금액을 네 명의 상속자에게 공평하게 나눌 것을 주장하였다.

이에 따라서 상속자들은 보너스로 2100만원을 얻게 된다.

경매 방법라고 하는 예제 12.8의 일반적인 절차는 다음과 같이 진행된다.

· **행동1**(가치 추정). 각 참여자들은 비밀리에 재산의 각 물건에 대한 솔직한 추정 가치를 원화단위로 표시한다.

· **행동2**(1차 분배). 각 물건은 그것에 대해 최고의 가치를 추정한 사람에게 주어진다(무승부의 경우, 동전 던지기와 같이 합의에 따른 방법으로 무승부를 결정한다). 한 명의 참여자가 하나 이상의 물건을 소유할 수도 있다. 사실, 모두를 소유할 수도 있다. 각 참여자의 몫은 그 참여자의 전체 추정치를 참여자들의 총 숫자로 나누어서 구해진다. 각 참여자는 그의 추정된 몫과 그에게 배분된 물건의 총 가치와의 차이를 재산으로부터 가져가거나 재산에 보태어야 한다(현금으로).

· **행동3**(잉여금 분배). 1차 분배가 끝난 뒤 재산에 잉여금의 현금이 남아 있을 수 있다. 이 금액은 참여자들 사이에 공평하게 분배된다.

경매 방법은 그것을 실행하기 전에 만족되어야 할 몇 가지 전제조건들이 있다.

· 참여자들이 참가하기 위해서는 충분한 현금이 있어야 한다.

참여자들이 물건에 대한 솔직한 가치를 추정했다면, 물건들의 일부분 또는 전체를 가져갈 준비가 되어있어야 한다. 또한, 자신의 공평한 몫과의 차액을 현금으로 지불해야 하므로 각 참여자에게 이 돈이 없다면, 그는 참가하기가 어렵다.

· 각 참여자는 물건 대신에 현금(그것이 충분한 양이라면)을 받고서도 만족할 수 있어야 한다. 이것은 어떤 참여자도 어떤 물건이 현금 이상의 가치를 가졌다고 생각해서는 안 된다는 것이다(나는 어머니의 다이아몬드 반지를 원하는데, 결코 그것은 돈과 바꿀 수 없다는 생각은 문제 해결에 있어서 도움이 되지 않는다).

· 참여자들은 추정 가치를 정하기 전에 다른 사람들의 가치 기준에 대한 정보가 없어야 한다. 더욱 중요한 것은 서로의 추정치가 봉해져서, 앞서서 다른 참여자의 추정치를 알 수 없어야 한다. 이것이 왜 중요한가를 설명하기 위해서는 다음의 예를 참고하기 바란다.

참여자 A는 물건 X의 진짜 가치가 150만원이라고 생각하지만 추정치를 적기 전에 참여자 B가 물건 X에 200만원을 추정한 것을 보았다고 하자. 이제 그는 물건 X를 받게 되지 않으리라는 확신으로 1,999,999원을 추정함으로써 자신의 몫의 총 가치를 증가시킬 수 있다.

경매 방법은 두 명의 참여자와 하나의 물건이 있을 경우 매우 간단해 진다. 다음의 예를 보기 바란다.

예 제 12.9. 수진과 진우는 이혼을 하려 한다. 둘의 공동 재산은 집밖에 없다. 그들의 이혼은 평화적으로 진행 중이고, 변호사를 고용하거나 법정에 가는 것은 마음이 없으므로, 집을 경매 방법으로 나누기로 결정했다. 둘의 추정 가치는 다음과 같다.

수진	1억3000만원
진우	1억4200만원

진우에 의한 추정치가 더 높으므로 진우는 집을 소유하게 되지만 7100만원(그는 집의 가치에 대한 절반의 권리밖에 없다.)을 지불해야 한다. 수진의 몫은 그녀의 추정치의 절반인 6500만원이다. 잉여금 600만원은 수진과 진우 사이에 공평하게 나누어지므로, 결과적으로 진우가 집을 가지고 수진에게 6800만원을 지불하는 것이 된다. 이것은 집의 가치를 둘의 추정치의 합의 절반(1억3600만원)으로 평가하고, 이것을 둘 사이에 동등하게 나누는 것과 같이 되는데, 집은 추정치가 더 높은 사람이 소유하고 다른 사람은 현금을 받게 된다.

3) 표기 방법(Method of Markers)

이것은 참여자가 현금을 가지고 있을 필요가 없는 불연속적인 공평한 분배 방법이다. 이러한 면에서는 경매 방법과 비교할 때 절대적인 장점을 가진다. 그러나 다른 한편으로는, 경매 방법과 달리 물건의 수가 참여자의 수보다 많지 않으면 효과적이지 못하다.

이 방법의 기본적 생각은 다음과 같다. 물건들은 한 줄(이 줄을 배열이라 한다)로 나열되고 참여자는 이 배열을 연속적인 부분(참여자의 숫자만큼)들로 나누게 된다. 참여자는 부분으로 나눌 때 각 부분이 전체에 대해 같은 가치를 가지도록 나누어야 한다. 각 참여자는 한 부분의 끝과 다른 부분의 시작점에 표시를 해야 하는데, 이러한 표시 작업은 서로 다른 참여자가 볼 수 없도록 개인별로 행해진다.

모든 참여자의 표시 작업이 끝나면 물건들은 참여자들에게 분배된다. 다음의 예에서 이것을 설명하겠다.

예 제 12.10. 네 명의 참여자(P_1, P_2, P_3, P_4)들은 그림 12-12의 20개의 물건이 있는 배열을 나누어야 한다.

$$S_1\ S_2\ S_3\ S_4\ S_5\ S_6\ S_7\ S_8\ S_9\ S_{10}\ S_{11}\ S_{12}\ S_{13}\ S_{14}\ S_{15}\ S_{16}\ S_{17}\ S_{18}\ S_{19}\ S_{20}$$

그림 12-12

P_1이 첫째이므로 그의 표시 작업을 그림 12-13과 같이 했다. 이것은 P_1이 S_1, S_2, S_3를 하나의 공평한 몫으로, S_4, S_5, S_6, S_7, S_8, S_9, S_{10}, S_{11}을 또 다른 공평한 몫으로, S_{12}, S_{13}, S_{14}, S_{15}를 역시 공평한 몫으로 생각함을 뜻한다.

$$S_1\ S_2\ S_3\ \underset{\substack{\uparrow \\ P_1}}{}\ S_4\ S_5\ S_6\ S_7\ S_8\ S_9\ S_{10}\ S_{11}\ \underset{\substack{\uparrow \\ P_1}}{}\ S_{12}\ S_{13}\ S_{14}\ S_{15}\ \underset{\substack{\uparrow \\ P_1}}{}\ S_{16}\ S_{17}\ S_{18}\ S_{19}\ S_{20}$$

그림 12-13

P_1의 표시 작업을 보지 않고, P_2는 이와 비슷한 방법으로 그림 12-14와 같이 표시 작업을 한다.

S_1 S_2 S_3 S_4 S_5 S_6 S_7 S_8 S_9 S_{10} S_{11} S_{12} S_{13} S_{14} S_{15} S_{16} S_{17} S_{18} S_{19} S_{20}

↑ ↑ ↑

P_2 P_2 P_2

그림 12-14

그리고 P_3과 P_4도 이와 같이 그들의 표시 작업을 하는데, 이들은 각각 그림 12-15와 12-16에 있다.

S_1 S_2 S_3 S_4 S_5 S_6 S_7 S_8 S_9 S_{10} S_{11} S_{12} S_{13} S_{14} S_{15} S_{16} S_{17} S_{18} S_{19} S_{20}

↑ ↑ ↑

P_3 P_3 P_3

그림 12-15

S_1 S_2 S_3 S_4 S_5 S_6 S_7 S_8 S_9 S_{10} S_{11} S_{12} S_{13} S_{14} S_{15} S_{16} S_{17} S_{18} S_{19} S_{20}

↑ ↑ ↑

P_4 P_4 P_4

그림 12-16

우리는 이제 참여자들 사이에 물건을 분배할 준비가 되었다. 분배를 하기 전에 모든 참여자의 표시 작업이 나타나 있는 그림 12-17과 같은 전체 그림이 필요하다.

S_1 S_2 S_3 S_4 S_5 S_6 S_7 S_8 S_9 S_{10} S_{11} S_{12} S_{13} S_{14} S_{15} S_{16} S_{17} S_{18} S_{19} S_{20}

↑ ↑ ↑ ↑ ↑ ↑ ↑ ↑ ↑ ↑ ↑ ↑

P_2 P_1 P_3 P_4 P_3 P_2 P_4 P_1 P_2 P_1 P_4 P_3

첫번째 표기 두 번째 표기 세 번째 표기

그림 12-17

왼쪽에서 오른쪽으로 움직일 때 첫 번째 표시를 한 참여자에게 첫 번째 부분을 준다. 그 사람은 P_2로서 S_1, S_2를 소유하게 된다. 이 두 물건은 P_2의 가치에 의하면 공평한 몫이 된다. 이제 P_2는 제외되고, P_2에 의한 표시 작업도 모두 지워진다. 그림 12-18에 새로운 상황이 있다.

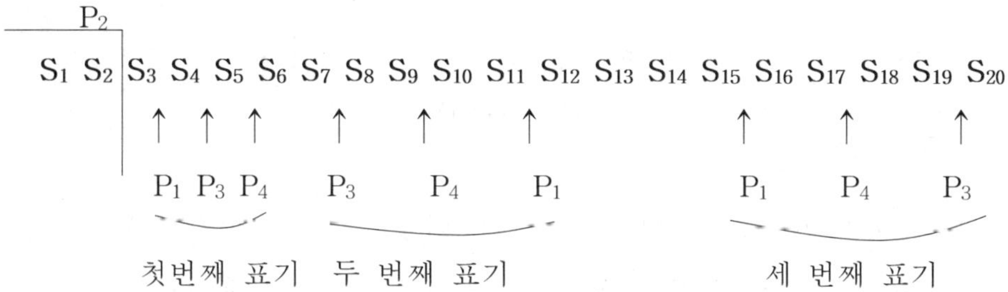

그림 12-18

다시 한번 왼쪽에서 오른쪽으로 살펴보면, 두 번째 표시 집단에서 첫 번째 표시를 찾을 수 있다. 그것은 P_3의 것으로 일곱 번째 물건 뒤에 있다. 이제 되돌아가서 P_3의 첫 번째 표시(네 번째 물건 뒤에 있다)를 찾는다. P_3에게는 그림 12-19에서처럼 S_5, S_6, S_7이 주어진다.

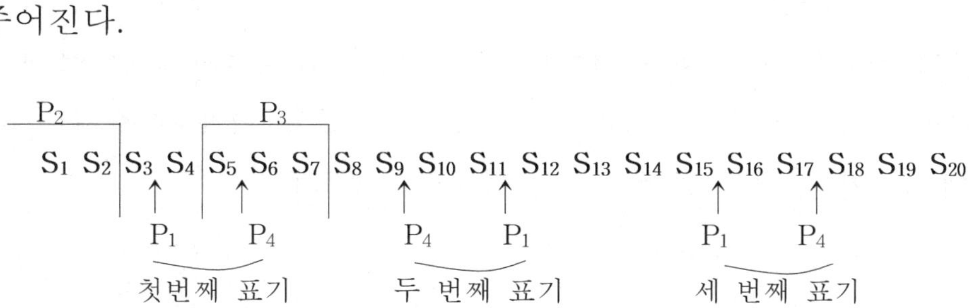

그림 12-19

같은 과정을 되풀이해서, 세 번째 표시 집단에서 첫 번째 표시를 찾으면 P_1의 것이 된다.(P_2, P_3의 표시들은 모두 제거되었다.)

그리고, 다시 앞으로 되돌아가서 P_1의 두 번째 표시를 찾는다. 이 두 표시 사이에 있는 물건들은 P_1의 것이 된다.(그림 12-20)

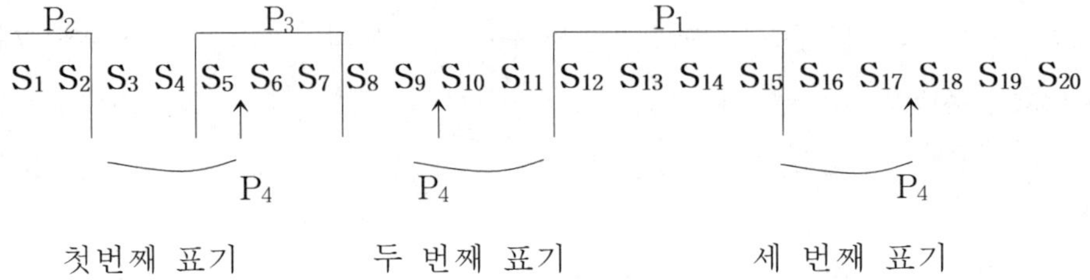

그림 12-20

드디어. 마지막 참여자(P_4)가 남게 되고, 그는 그의 마지막 표시로부터 배열의 끝까지 있는 모든 물건들을 소유하게 된다.

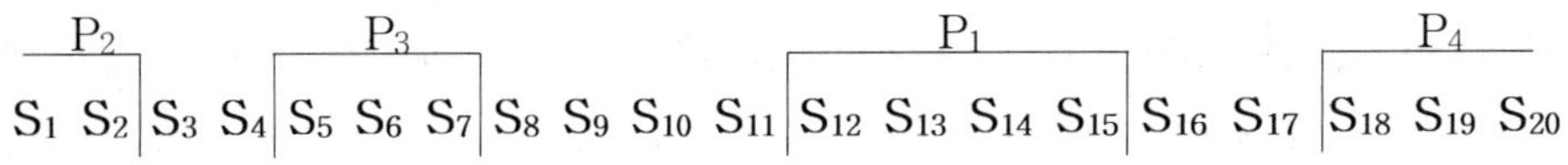

그림 12-21

놀라운 사실은 모든 참여자들이 자신의 공평한 몫을 소유하고도 물건들이 남게 된다는 것이다.(그림 12-22) 이렇게 남는 물건들은 여러 가지 방법으로 분배될 수 있다. 자선 사업에 기부해도 되고, 제비뽑기를 해서 참여자에게 나누어줘도 되고,

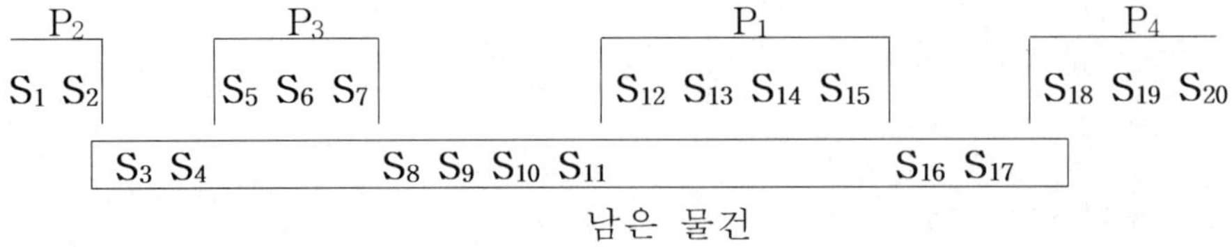

그림 12-22

그 양이 충분하면, 표기 방법을 다시 쓸 수도 있다.

표기 방법에 대한 일반적 설명은 다음과 같다. N명의 참여자들 (P_1, P_2, P_3, … ,P_N)이 있고 M개의 물건들이 배열되어 있다(경매 방법과 달리 M > N 이어야 한다).

행동1. (표시 작업) 모든 참여자는 각자 비밀스럽게 전체 물건들의 배열에서 공평한 몫으로 받아들일 수 있는 N개의 연속되는 부분들로 나눈다.

행동2. (분배) 첫 번째 표시 집단에서 첫 번째 표시를 한 참여자에게 첫 번째 부분이 주어진다. 그 참여자에 의한 나머지 표시는 모두 지운다. 두 번째 표시 집단에서 첫 번째 표시를 한 참여자에게 그 참여자에 의해 표시된 두 번째 부분이 주어진다. 그 참여자에 의한 나머지 표시는 모두 지운다. 이 과정을 모든 참여자가 공평한 몫을 얻을 때까지 한다. 마지막 참여자는 자신에 의해 표시된 마지막 부분을 소유하게 된다.

행동3. (남는 물건) 만약 남는 물건이 있으면 제비뽑기를 해서 참여자에게 나누어 줄 수도 있고, 참여자의 수보다 많으면 표기 방법을 한 번 더 사용할 수도 있다.

표기 방법은 방법상의 우아함과 남는 물건이 생긴다는 장점에도 불구하고, 몇 가지 제한된 조건하에서만 사용될 수 있는 단점이 있다. 구체적으로, 이 방법에서는 모든 참여자가 물건들의 배열을(자신의 기준에서) 동등한 가치를 가진 부분들로 나눌 수 있는 능력을 가졌음을 가정하고 있다. 또한, 다른 물건들에 비해 엄청나게 큰 가치를 가진 물건이 섞여 있는 경우를 제외하고 있다. 예제 10에서 20개의 물건들이 하나의 금시계와 19개의 사탕(여러 종류로)으로 구성되어 있다고 가정하자. 이러한 경우에는 사탕을 미치도록 사랑하는 사람이 있는 경우 외에는 네 명의 참여자 사이에 공평하게 나눈다는 것은 불가능하다.

4. 비례분배 문제

이 장의 시작에서 우리는 다음의 질문을 생각하였다.

50개의 사탕이 있다면, 5명의 아이들에게 공평하게 나누는 방법은 무엇인가?

위의 문제에 대해서 생각해볼 점들이 더 남아있는데, 이 절에서는 공평한 분배에 관해 마지막으로 이야기하려고 한다. 만약 조각들이 모두 나누어질 수 없는 동일한 것들로 되어 있는데, 아이들에게 할당된 비율이 다르다면 어떻게 해야 하나? 다음의 친숙한 상황들이 우리의 의도를 설명해 줄 것이다.

자본주의에 관한 가정교육. 어떤 가정에서 50개의 나누어질 수 없는 동일한 조각의 사탕(M&M이라고 하자)들을 다섯 명의 아이들에게 나누어 주려고 한다. 엄마는 사탕을 아이들에게 동등하게 나누어 주는 대신, 집안 일을 도우는 시간에 따라 사탕을 나누어 주기로 했다. 이러한 자본주의 연습에 대한 득점의 결과는 다음과 같다.

	가언	나영	다람	미나	유미	합 계
일한 시간	150	78	173	204	295	900

이제 약속에 따라 사탕을 나누면, 가언은 50조각의 사탕 중 $16\frac{2}{3}\%$ ($150/900=16\frac{2}{3}\%$)인 $8\frac{1}{3}$조각을 받게 된다. 그런데, 불행하게도 사탕 한 조각은 더 작은 조각들로 나누어질 수 없다. 이런 경우 가언은 자신의 공평한 몫을 받을 수 없다 : 그는 8조각을 받거나 9조각을 받을 수는 있지만, 자신의 정당한 몫을 받을 수는 없다. 물론 가언에게 해당되는 것이 다른 아이들에게도 해당된다 : 나영의 정확한 몫은 $4\frac{1}{3}$조각, 다람은 $9\frac{11}{18}$조각, 미나는 $11\frac{1}{3}$조각, 유미는 $16\frac{7}{18}$조각이 된다. 이러한 식으로는 사탕을 나누어 줄 수 없으므로 엄마에게는 도움이 필요하게 된다.

앞의 예에서 설명된 문제는 공평한 분배 문제 중 중요한 종류의 하나로서 **비례분배 문제**(apportionment problem)이라고 알려져 있다. 이 절의 목적은 비례분배 문제를 푸는데 있다.

예제에서 설명된 것과 같은 경우에 사탕을 공평하게 나눌 수 있는 방법이 있는가? 일면으로 보면 공평하게 분배할 수 있는 방법은 없다. 공평한 분배는 분수 부분에 대한 계산으로 되는 반면 정수로 떨어지는 개수의 분배밖에 안된다는 사실에서 어떤 아이들은 자신의 몫보다 적게 받고, 어떤 아이들은 많이 받게 될 것이다. 그러나, 불공평성을 제거할 수 없다는 이유 때문에, 그 불공평성을 최소화하려는 노력마저도 포기해서는 안될 것이다. 결과적으로 미리 결정되어 있는 규칙과 이성적인 판단에 의해 어떤 아이들은 자신의 몫보다 많이 얻고 어떤 아이들은 적게 얻는다면 불합리하다고 할 수는 없을 것이다. 비례분배 문제를 풀기 위한 체계적인 방법을 **비례분배 방법**(apportionment method)이라 하고, 이 절에서는 가장 흔히 쓰이는 비례분배 방법에 대해 설명할 것이다.

다음의 예제에서는 비례분배 문제가 민주주의에 있어서 가장 중요한 문제들 중 하나가 되는 이유를 보여 줄 것이다. 사실, 이 절의 주제는 수학 문제와도 관련이 있지만 미국의 역사와도 많은 관련이 있다는 것을 알게 될 것이다.

예 제 1 인구가 12,500,000명인 어느 나라의 6개 지역의 인구가 다음과 같고 국회의 의석이 250개이다.

단위:천

지역	A	B	C	D	E	F	합계
인구	1,646	6,936	154	2,091	685	988	12,500

각 지역에 분배되는 의석 수는 몇 개인가?

이 문제와 M&M을 나누는 문제는 같은 주제에 대한 변형임을 쉽게 알 수 있다. N명의 player들에게 M개의 각각이 나누어지지 않는 동일한 물건들을 공평하게 나누어야 한다. 여기에서 '공평하다'는 뜻은 각 참가자가 M개의 물건들 중 특정한 비율 이상을 받게 된다는 것이다. M&M의 예에서 참가자는 아이들(N=5)이고, 물건은 사탕(M=50)이고, 비율은 집에서 일한 시간을 기준으로 한다. 예제 1에서 참가자는 각 주(N=6)이고, 물건은 국회의 의석 수(M=250)이고, 비율은 인구를 기준으로 한다.

비례분배 문제는 여러 분야에 응용이 되지만, 전통적인 비례분배 문제는 예제 1의 문제와 같이 국회의 의석을 인구에 비례해서 분배하는 것이다. 이 장의 나머지 부분에서도 이러한 문제에 중점을 두어 설명하겠다. 그러나, 독자는 비례분배 문제가 다른 흥미로운 분야에도 적용된다는 사실을 알아두기 바란다.

표준약수와 표준비율

예제 1에 있는 나라의 국회에 관한 비례분배 문제로 되돌아가자. 독자들의 편의를 위해서 인구에 대한 자료가 다음에 있다.

단위:천

지역	A	B	C	D	E	F	합계
인구	1,646	6,936	154	2,091	685	988	12,500

총 인구는 12,500,000이고 의석 수는 M=250이므로, 12,500,000/250=50,000으로 나타내어지는 비율은 의석 하나가 대표하는 사람의 수를 의미한다.

일반적인 비례분배 문제에서 국가의 총인구가 P이고 분배될 의석 수가 M일 때, 비율 P/M은 의석 하나가 대표하는 국민의 수를 의미한다. P/M에 의해 나타내어지는 수는 표준약수이다.(상황에 관계없이 모든 비례분배 문제에서 표준약수는 특정한 의미를 지니게 된다. M&M의 예에서 표준약수는 P/M = 900/50 = 18이고, 이것은 M&M 하나를 얻기 위해서 일해야 하는 시간을 분 단위로 나타낸 것이다.)

이제, 표준약수를 이용해서 의석이 부분으로 나누어질 수 있는 경우 각 지역에 분배되는 의석 수를 계산할 수 있다. 이것은 각 지역의 인구를 표준약수로 나누어서 얻을 수 있는데 이를 **표준비율**(standard quota)이라고 한다. 달리 표현하면,

$$\text{지역의 표준비율} = \frac{\text{지역의 인구}}{\text{표준약수}}$$

예제 1의 표준비율은 다음과 같다 :

지역	A	B	C	D	E	F	합계
인구(단위:천)	1,646	6,936	154	2,091	685	988	12,500
표준비율	32.92	138.72	3.08	41.82	13.70	19.76	250

지역 A의 표준비율이 32.92라는 것은 국회의 의석이 분수 부분만큼도 분배될 수 있다면 지역 A는 정확하게 32.92의 의석을 얻게 된다는 것이다. 불행하게도 이러한 일은 있을 수 없고, 다른 지역에 있어서도 마찬가지다.

표준비율의 총 합계는 총 의석 수인 M과 같게 됨을 주의하기 바란다.(만약 M에 가까운 수가 나오지만 정확하게 M이 되지 않는다면, 반올림 과정에서 오차가 생긴 것이다.) 이것은 중요한 사실로서 이 장의 뒷부분에서 쓰이게 된다.

이제, 수학적으로 볼 때 비례분배 문제는 반올림 문제가 된다. 대부분의 경우 소수로 되어 있는 비율들을 그 합계가 M이 되도록 하면서 각각의 비율은 정수가 되도록 반올림할 수 있을까? 전통적인 방법으로 소수 부분이 0.5이상일 때는 올림하고 0.5미만일 때는 내림하는 것이 합리적인 것처럼 보일 수 있다. 그러나 이러한 방법은 항상 합당하지는 않다. 예제 1에서 보면

지역	A	B	C	D	E	F	합계
인구(단위:천)	1,646	6,936	154	2,091	685	988	12,500
표준비율	32.92	138.72	3.08	41.82	13.70	19.76	250
반올림된 비율	33	139	3	42	14	20	251

이 특정한 예에서 전통적인 방법에 의해 반올림한 결과는 심각한 문제를 일으키게 된다. 법으로는 총 250석을 분배해야 되지만, 이 경우에는 251석을 분배해야 한다.

전통적인 방법에 의한 반올림은 비례분배 방법으로 사용될 수 없으므로, 보다 더 세련된 방법이 필요하다. 이 방법에 대한 생각들은 수학과는 별로 관련이 없어 보이는 사람들에게서 나왔다 :

Alexander Hamilton, Thomas Jefferson, John Quincy Adams, Daniel Webster.

미국 역사에 대한 조금의 지식

수학 책에 미국 역사의 중요한 부분을 소개하는 것이 이상하지만, 비례분배 문제에 있어서 수학과 정치는 떼어놓을 수 없으므로, 잠시 역사에 대해 살펴보겠다.

하원 수와 직접세는 미합중국에 포함된 각 주의 인구에 따라서 할당된다. 법에 따라서 실제 계산은 미국 국회의 첫 회의 후 삼년 뒤에 행해지고, 차후에는 매 십년마다 행해진다. 하원 의원의 수는 인구 삼만 명의 한 명 이상의 비율이 되어서는 안 되지만 모든 주는 최소한 한 명의 하원 의원을 가져야 한다.

1. 하원 의원의 의석 수는 각 주의 인구에 비례해서 배당[1]된다.
2. 각 주의 인구는 매 10년마다 조사된다.(이것은 국가 인구조사에서 행해진다 - 가장 최근의 것은 1990년도에 조사되었다.)
3. 표준분배 방법과 분배될 총 M개의 의석 수는 국회법에 따라 매 10년마다 정해진다.(다른 국회의 법안에 적용되는 규칙이 똑같이 적용된다.)

---

1) 배당 : 어떤 계획에 따르거나 비례해서 무엇을 나누는 것

4. 한 의석이 대표하는 사람의 수(표준약수)는 최소한 30,000명이어야 한다.(달리 표현하면, P/M ≥ 30,000)

5. 모든 주는 최소한 하나의 의석을 가진다.

헌법의 기초가 확정된 후 얼마 되지 않아서 표준분배 방법에 대한 논쟁들이 야기되었다. 1790년 인구조사 이후 두 개의 경쟁적인 표준분배방법이 국회에 제안되었다. 하나는 Alexander Hamilton에 의해 창작되었고, 다른 하나는 Thomas Jefferson에 의해 제안되었다. 열띤 논쟁 끝에 의석 수 M=120을 기준으로 해서 하원 의석을 분배하는 Hamilton의 방법이 통과되었다.

그러나 워싱턴 대통령은 법안에 대해 거부권을 행사하였다. 대통령 거부권을 뒤엎지 못하고, 정치적 교착 상태에 빠지게 된 국회는 하원 의석 수 M=105를 기준으로 하는 Jefferson의 방법을 채택하게 되었다.

1) HAMILTON 방법

역사적으로 볼 때 Hamilton 방법이 가장 먼저 등장하지는 않았지만 수학적으로 가장 간단하므로 제일 먼저 소개하겠다. Hamilton 방법은 1850년 인구조사 이후에 국회에 채택되어서 1852년에서 1900년까지 사용되었다.

Hamilton 방법

· 0단계. 각 주의 표준비율을 계산한다.(이것을 구하는 가장 간단한 방법은 표준약수 P/M을 먼저 계산해서 각 주의 인구를 표준약수로 나누는 것이다.)

· 1단계. 각 주의 표준비율을 내림한 뒤, (임시로) 각 주에 그 수만큼의 의석을 분배한다.

·2단계. 남는 의석이 있다면, 소수 부분이 가장 큰 주부터 차례로 남는 의석을 분배해서, 남는 의석이 없을 때까지 한다.

예 제 2. 다음의 표는 Hamilton 방법에 의해 예제 1의 국회의 의석이 분배되는 것을 보여준다.

지역	A	B	C	D	E	F	합계
인구(단위:천)	1,646	6,936	154	2,091	685	988	12,500
0단계: 표준비율을 계산한다	32.92	138.72	3.08	41.82	13.70	19.76	250
1단계: 비율을 내림한다	32	138	3	41	13	19	246
2단계: 네 개의 남은 의석을 분배한다.	+1(1등)	+1(4등)		+1(2등)		+1(3등)	4
최종 분배	33	139	3	42	13	20	250

Hamilton 방법은 공평하고 합리적인 방법인가? 분명히 Hamilton의 생각에는 그러했을 것이다. 하지만 예제 2에서 알 수 있듯이 그리 공평하지만은 않다는 것을 알 수 있다. 지역 E의 경우를 생각해 보면, 0.70의 소수 부분을 가지고 잉여석을 받을 수 있는 다음 차례에 있지만 아무것도 얻지 못한다. 0.72의 소수 부분을 가진 지역 B는 지역 E보다 잉여석을 하나 더 받을 만한 충분한 가치가 있는가? 명확한 대답을 얻기는 힘들다. 절대적 기준에서는 0.72가 0.70보다 크므로 합당할 것이다. 하지만, 소수 부분을 지역 전체의 인구에 비교해 보면, 지역 E의 비율인 13.70에 대한 0.70의 비중은 지역 B의 비율인 138.72에 대한 0.72의 비중보다 훨씬 더 크다. 이찌면 미지막 잉여석은 지역 E

에 주어지는 것이 합당할지도 모르겠다.

2) LOWNDES 방법

잉여석은 절대적 가치보다 상대적 가치에 따라 나누어 주어야 한다는 생각은 Hamilton 방법의 변형으로서 Lawndes 방법이라고 한다.

Lawndes[2)] 방법은 Hamilton 방법과 같은 방식으로 시작한다 – 각 지역의 표준비율을 내림한 뒤, (임시로) 각 지역에 그 수만큼의 의석이 분배된다. 다음 단계에서는 각 지역의 비율의 소수 부분의 상대적 가치를 계산해야 한다. 구체적으로 설명하면, 상대적 가치는 비율의 소수 부분을 정수 부분으로 나눔으로서 구할 수 있다.

예 제 3.

(a) 지역의 비율 : 41.82
　　소수 부분 : 0.82
　　정수 부분 : 41
　　소수의 상대적 가치 : 0.82/41=0.02

(b) 지역의 비율 : 3.08
　　소수 부분 : 0.08
　　정수 부분 : 3
　　소수의 상대적 가치 : 0.8/3=0.027

(c) 지역의 비율 : 15(=15.0)
　　소수 부분 : 0(=0.0)
　　정수 부분 : 15
　　소수의 상대적 가치 : 0/15=0

---

2) William Lowndes는 South Carolina주의 하원 의원으로서 1822년에 이 방법을 제안하였다. 그러나 국회에서 이 방법이 채택된 적은 없다.

예제 3(a)와 3(b)는 소수 부분 그 자체와 소수 부분의 상대적 가치 사이의 큰 차이점을 보여 주고 있다. 예제 3(a)에는 0.82의 큰 소수 부분이 있고, 예제 3(b)에서는 0.08의 매우 작은 소수 부분이 있다. 그러나, 예제 3(a)의 소수의 상대적 가치는 3(b)의 것보다 작다. 이 차이는 분모의 크기에 의해 생긴다(분모가 작을수록 분수 자체의 값은 커지게 된다!).

이제 각 지역의 소수의 상대적 가치를 계산하였으면, 잉여석은 소수의 상대적 가치가 큰 주부터 차례로 나누어진다.

예 제 4. 예제 1의 국회에 대한 문제를 Hamilton 방법(예제 2)에 의한 것과 비교할 수 있도록 Lawndes 방법을 적용해 보겠다.

지역	A	B	C	D	E	F	합계
인구(단위:천)	1,646	6,936	154	2,091	685	988	12,500
표준비율	32.92	138.72	3.08	41.82	13.70	19.76	250
비율을 내림한다.	32	138	3	41	13	19	246
소수의 상대적 가치	0.029	0.0052	0.027	0.02	0.054	0.040	
네 개의 잉여석을 분배한다.	+1(3등)		+1(4등)		+1(1등)	+1(2등)	4
최 종 분 배	33	138	4	41	14	20	250

예제 4에서 지역 C와 D의 상황을 살펴보면, 이것의 공평성에 대한 의문을 가지게 될 것이다. 지역 C는 매우 작은 소수 부분인 0.08을 가지고도 Lawndes 방법에 의해 그보다 10배나 더 큰 소수 부분인 0.82를 가진 지역 D 대신 마지막 잉여석을 차지하게 된다. 이것은 지역 C가 매우 작은 인구를 가진 주이기 때문이다.

Lawndes 방법과 Hamilton 방법을 비교해 보면, 인구가 큰 지역은 항상 Hamilton 방법을 선호하고, 인구가 작은 지역은 Lawndes 방법이 채택되기를 원하는 이유를 알 수 있다. 따라서, 어느 방법이 더 공평한지는 판단하기 어렵다. 이 부분에 대해서는 다음의 질문과 함께 숙제로 남기기로 하겠다. : 역도 선수 A의 몸무게는 165파운드인데 340파운드를 들 수 있고, 역도 선수 B의 몸무게는 242파운드인데 461파운드를 들 수 있다면, 누가 더 좋은 선수인가?

3) JEFFERSON 방법

우리는 이 절을 다음의 객관식 질문으로 시작하려고 한다.

Hamilton 방법과 Lawndes 방법에 대한 설명 중 옳은 것은?

(a) 비율은 항상 내림한다.
(b) 비율은 항상 올림한다.
(c) 비율은 내림할 때도 있고 올림할 때도 있다.

답이 (a)라고 생각했다면 틀렸다. 예제 2와 4의 비율과 최종 분배 상황을 보면, 처음에는 모든 비율이 내림되었지만, 최종적으로 잉여석이 주어진 지역은 비율이 올림된 지역에 해당된다. 사실, 여기에는 중요한 법칙이 숨어 있다. 표준비율을 기준으로 하는 모든 비례분배 방법에서는, 어떤 지역의 비율은 올림되고, 또 어떤 지역의 비율은 내림된다. 이러한 결과는 표준비율을 모두 더하면 그 합이 M이 되어야 하므로 어쩔 수 없이 생긴다.(전체 합계가 일정하므로 한 지역에 득이되면 다른 지역에는 실이 된다.) Hamilton 방법과 Lowdnes 방법은 분배를 결정할 때 표준약수와 표준비율을 사용하므로, 이 둘을 **비율 방법**이라 한다.

그런데, 표준약수와 표준비율이 유일한 해결 방법은 아니다. 앞의 예제에서 알 수 있듯이, Hamilton 방법과 Lawndes 방법에 의해 비율이 내림 되는 지역과 올림 되는 지역을 결정하는 것은 공평한 결과를 가져오기가 힘들다. 또한 문제를 해결하는 과정에서 오는 비율을 내림하는 것이 합리적이라고 할 수 없다. 더욱이, 표준비율을 기초로 해서는 분배 문제를 해결하는것이 어렵다는 것을 앞의 예제에서 알 수 있다. 사실, 표준비율보다 더 큰 새로운 비율을 사용해서, 징수 부분의 총합을 구하면 그 합이 M이 될 수 있다. 이렇게 되기 위해서는, 다음의 예제에서와 같이 표준약수보다 더 작은 약수를 사용해야 한다.

예 제 5. 다시 한 번 예제 1의 경우를 사용한다.

지역	A	B	C	D	E	F	합 계
인구(단위:천)	1,646	6,936	154	2,091	685	988	12,500
표준비율 (인구/50,000)	32.92	138.72	3.08	41.82	13.70	19.76	250

다시 한 번 상기시키면, 표준비율은 표준약수 50,000(12,500,000÷250=50,000)을 사용해서 얻은 것이다. 각 지역의 인구를 50,000으로 나누면 앞의 표에 있는 표준비율이 나온다.

각 지역의 인구를 50,000대신 49,500으로 나누면 어떻게 되겠는가? (49,500이 어떻게 나왔는지에 대해서는 신경 쓰지 않기 바란다.) 결과는 다음의 표에 있다.

지역	A	B	C	D	E	F	합 계
인구(단위:천)	164	6,936	154	2,091	685	988	12,500
수정된 비율 (인구/49,500)	33.25	140.12	3.11	42.24	13.84	19.96	252.52

위의 표에서 가장 먼저 눈에 띄는 것은 수정된 비율이 원래의 표준비율보다 모두 크다는 것이다. 이것은 보다 작은 숫자로 나누었으므로 당연한 결과라고 할 수 있다. 수정된 비율을 모두 더하면 252.52가 되는데, 여기에서 당황해 할 필요는 없다. 모든 수정된 비율을 모두 내림 하여서 합하면 250이 된다. 바로 우리가 원하던 결과가 나온다.

지역	A	B	C	D	E	F	합 계
인구(단위:천)	1,646	6,936	154	2,091	685	988	12,500
수정된 비율 (인구/49,500)	33.25	140.12	3.11	42.24	13.84	19.96	252.52
분 배	33	140	3	42	13	19	250

앞에서 논의된 것은 본질적으로는 Jefferson 방법에 대한 설명이 되는데, 공식화시키면 다음과 같다.

JEFFERSON 방법

· 1단계. 각 지역의 수정된 비율(인구÷D)을 내림 하면, 그 합계가 M이 되도록 하는 D를 찾는다.

· 2단계. 각 지역에 의석수를 수정된 비율의 정수 부분만큼 분배한다.

Jefferson 방법에 대해 더 논의하기 전에, 앞에서 미리 사용한 용어들에 대한 정의를 하겠다.: 1단계에서 사용한 숫자 D를 약수라 하고, 주의 인구를 D로 나눈 결과를 주의 수정된 비율이라 한다.(약수 D를 기준으로 함.)

Jefferson 방법을 사용하는데 있어서 흔히 야기되는 의문은 합당한 약수 D를 어떻게 찾느냐는 것이다. 일단 D는 표준약수보다는 작아야 한다.(왜냐하면 표준비율보다 큰 수정된 비율이 필요하기 때문이다.) 다음은 시행착오의 과정을 거쳐야 한다. 적당한 D_1을 잡아서 D_1에 의한 수정된 비율을 계산한 뒤 내림하여서 모두 더한다. 그 합이 M이 되면 원하는 약수를 찾았으므로 작업은 끝난다. 그러나, 그 합이 M+1 이상이면 수정된 비율들을 작게 하여야 한다. 약수를 더 크게 하여야 되므로 $D_2 > D_1$을 하나 잡아서 다시 구해 본다. 만약, 그 합이 M보다 작으면 $D_2 < D_1$이 되도록 잡아야 한다. 이런 과정을 되풀이하다 보면은 결국은 합당한 약수를 찾게 될 것이다.(보통의 경우는 하나 이상이 생긴다.)

대부분의 사람들이 Jefferson 방법에 처음 접하게 되면, 표준약수외에 다른 약수를 사용해도 합법적인지에 대해 의문을 가진다. 헌법에는 분배 문제에 있어서 반드시 표준약수를 사용해야 된다는 규정은 없으므로 합법적이다. 표준약수는 국가 전체적으로 봤을 때 하원 의석 하나에 해당하는 국민의 수를 대표하는 비율이다. 예로 미국의 1990년도 인구조사에 의하면 미국의 인구는 P = 249,022,783(의석 분배 목적을 위한 것에는 District of Columbia의 인구는 제외된다.)이고, 하원의 의석 수는 M = 435이므로 표준약수는 대략 572,466이 된다. 이것은 국가 전체적으로 보았을 때 하원 의석 하나는 국민 572,466명을 대표한다는 것이 된다. 그러나 각각의 주에 있어서는 그 수가 다르게 나타난다. 왜냐하면 각각의 주의 경우, 하원 의석 하나가 대표하는 국민의 수는 비율보다는 실제 그 주에 분배된 의석 수를 기준으로 하기 때문이다. 예로 캘리포니아의 경우에는 인구가 29,839,250인데 52개의 의석이 분배되었다. 계산을 하면 하원 의석 하나는 573,831명의 캘리포니아 사람을 대표하는데, 이 비율은 국가 전체로서 계산한 것보다 크다.

Jefferson 방법은 미국에서 사용된 최초의 비례분배 방법으로서, 1792년에 국회에서 사용되기 시작했다. 이 방법은 1840년까지 사용되었지만, 그 뒤로는 사용된 적이 없다.

위에서 알 수 있듯이 분배 문제에 있어서 표준약수를 기준으로 해야 된다는 헌법적(또는 수학적) 요구는 없다. 우리는 표준약수를 분배 문제를 해결하는데 있어서의 어떤 원칙보다는 지침으로 사용해야 할 것이다.

비율 법칙(Quota 법칙)

지각 있는 독자라면 Jefferson 방법이 예제 5에서 지역 B에 불로소득을 안겨 주었다는 것을 발견할 것이다. 지역 B는 표준비율이 138.72인데, 최종적으로는 140석을 분배받았다. 지금까지는 분배된 의석 수가 표준비율에 가장 인접한 두 정수 중 하나였지만, Jefferson 방법은 이 전통을 깨었다.

좋은 비례분배 방법은 표준비율을 크게 벗어나지 않는 결과를 가져와야 하는데, 이것을 비율 법칙이라고 하고, Jefferson 방법은 비율 법칙을 위반했다고 한다. 위의 경우 상계 비율을 위반하게 되는데, 이것은 어떤 지역에 표준비율 바로 위의 정수보다 더 큰 수만큼 의석이 분배되었을 때 발생한다.

표준약수 외에 다른 약수를 사용하는 비례분배 방법을 **약수 방법**(divisor method)이라고 하는데, Jefferson 방법이 이에 해당한다. 역사적으로 또, 수학적으로 관심을 끄는 몇몇의 약수 방법들이 있는데, 앞으로 두개를 더 소개할 것이다.

4) ADAMS 방법

이 방법은 1830년에 John Quincy Adams에 의해 제안되었는데, 국회에서 채택된 적은 없다.

Adams 방법

· 1단계. 수정된 비율들을 가장 가까운 정수로 올림하면, 그 총합이 M이 되는 약수 D를 찾는다.

· 2단계. 수정된 비율을 올림한 수 만큼의 의석을 각 지역에 분배한다.

Jefferson 방법에 있어서 약수 D는 표준약수보다 작거나 같아야 하지만, Adams 방법에 있어서 D는 표준약수보다 크거나 같아야 한다.

예 제 6. 예제 1에 Adams 방법을 사용해 보자. 표준약수 50,000보다 더 큰 약수 D를 추측한다. D = 50,500을 사용하면

지역	A	B	C	D	E	F	합 계
인구(단위:친)	1,646	6,936	154	2,091	685	988	12,500
수정된 비율 (D=50,500)	32.59	137.35	3.05	41.41	13.56	19.56	
수정된 비율을 올림한다.	33	138	4	42	14	20	251

불행하게도 합계가 251로 너무 크다. 약수 D를 더 크게 해서 수정된 비율을 조금 더 작게 해야 한다. D = 50,700을 사용하면 다음과 같다.

지역	A	B	C	D	E	F	합 계
인구(단위:천)	1,646	6,936	154	2,091	685	988	12,500
수정된 비율 (D=50,700)	32.47	136.80	3.04	41.24	13.51	19.49	
수정된 비율을 올림한다.	33	137	4	42	14	20	250

이제 합당한 약수 D를 찾았다.

다시 한번, 표준비율이 138.72임에도 불구하고 137석 밖에 얻지 못한 지역 B를 주목하기 바란다. 이것은 Adams 방법도 비율 법칙을 위반할 수 있음을 보여주는 한 예이다. 이 경우는 표준비율 바로 아래의 정수보다 더 작은 수만큼의 의석이 분배되었을 때를 말하는데, 하계 비율을 위반했다고 한다.

5) WEBSTER 방법

이 방법은 Jefferson과 Adams 방법의 절충안으로서 1830년에 Daniel Webster에 의해 제안되었다. 이 방법은 1840년대와 1900년에서 1940년 사이에 국회에서 채택되었다.

Webster 방법

· 1단계. 수정된 비율을 반올림하면 그 합이 M이 되는 약수 D를 찾는다.

· 2단계. 반올림된 수정된 비율만큼의 의석 수를 각 지역에 분배한다.

예 제 7. 예제 1의 국회의 의석 분배에 Webster 방법을 사용해 보자. 먼저 약수 D를 추측해야 한다. 그것은 표준약수보다 클 것인가 아니면 작을 것인가? 여기서 D를 구축하기 위해서는 표준비율을 참고로 사용하겠다.

원래의 비율을 반올림하면(이 절의 앞 부분에 그 결과가 있다) 그 합은 251이 된다. 우리는 전체 합계를 작게 만드는 약수를 찾아야 하

므로 50,000보다 조금 더 큰 D를 찾아야 한다. D=50,100을 사용하면

지역	A	B	C	D	E	F	합 계
인구(단위:천)	1,646	6,936	154	2,091	685	988	12,500
수정된 비율 (D=50,100)	32.85	138.44	3.07	41.74	13.67	19.72	
분배	33	138	3	42	14	20	250

합당한 D를 찾았다.

Webster 방법의 원리는 Jefferson과 Adams 방법과 같지만 실제로 사용하는데는 좀 더 어려움이 있다. 약수 D는 표준약수보다 클 수도 있고, 작을 수도 있고, 같을 수도 있다.

6) 함정과 모순

이 장에서 논의한 비례분배 방법 중 가장 좋은 것은 어느 것인가? 이것에 대한 논쟁은 Hamilton과 Jefferson이 워싱턴 대통령에게 그들 각각의 방법에 대한 장점을 강조하던 1792년으로 거슬러 올라가서 현재까지 계속되고 있다. 사실, 이것에 대한 논쟁은 조만 간에 또 한번 대두될 것 같다.

여러 가지 비례분배 방법 중에서 좋은 것을 선택하는데 문제가 되는 것 중 하나는, 어떤 방법이 좋은 방법인지에 대한 결론조차 명확하지 않다는 것이다. 이 장의 목적은 수학적 입장에서 이 의문에 대한 해결점을 조금이나마 보여주는데 있다. 이 장을 되돌아보면 많은 도움이 될 것이다. 사실 선거 방법들과 비례분배 방법들 사이에는 놀라운

공통점이 있다.

먼저, 우리가 살펴본 모든 비례분배 방법들은 완벽하지 않다는 전제에서 시작하겠다. 비례분배 방법이 가지는 오류를 좀 더 체계적으로 살펴보기 위해서 함정과 모순의 두 가지로 구분하겠다. 함정은 쉽게 찾아낼 수 있는 오류이지만, 모순은 심도 있는 수학적 지식을 가지고 살펴보아야 찾을 수 있는 것들이다. 모순은 직관적 지식과 일반 상식을 뒤엎기 때문에 우리를 놀라게 한다.

몇몇의 함정은 벌써 알고 있는 것들이다. Hamilton 방법은 인구가 적은 주보다 많은 주에 유리하고, Lowndes 방법은 인구가 적은 주에 유리하다는 것을 발견하였다.

그리고 Jefferson 방법과 Adams 방법은 모두 비율 법칙을 위반한다는 것을 알게 되었다. 이것은 예제 5와 6에서 지역 B의 최종 의석 분배에서 발견되었다. 더욱 놀라운 것은, 두 방법은 비율 법칙을 위반함에 있어서 인구가 많은 지역과 적은 지역을 차별한다는 것이다. Jefferson 방법은 항상 상계 비율을 위반하는 반면, Adams 방법은 항상 하계 비율을 위반한다. Webster 방법은 어떠한가? 여기에서 거론된 예제에서는 발생하지 않았지만, Webster 방법도 비율 법칙을 위반할 수 있다. 한 비례분배 문제에서 동시에 발생하지는 않지만, 상계 비율과 하계 비율을 모두 위반할 수 있다.

이제는 비례분배 방법에 있어서 골치를 썩이는, 보다 더 심각한 문제들에 대해서 논의하겠다. 그들은 알라바마 모순, 인구증가 모순, 새 지역 모순이 있다.

알라바마 모순

1880년 인구조사 직후, 국회는 1880년 이후 10년동안 하원 의석을 어떻게 분배할 것인가에 대한 논쟁을 시작하였다. 논의된 여러 안건들 중 다음과 같은 두 가지가 있었다.

1. M = 299로 해서 Hamilton 방법을 사용한다.
2. M = 300로 해서 Hamilton 방법을 사용한다.

안건 1과 2는 모두 1880년 인구조사를 기준으로 한 것으로서, 차이점은 안건 2의 의석 수가 하나 더 많다는 것이다. 이 경우 모든 사람들이 논리적으로 생각하게 되는 것은, 안건 2의 경우 의석 수의 분배는 안건1의 경우와 같지만 운이 좋은 주가 늘어난 의석 하나를 더 차지하게 되는 것이다. 그러나, 놀랍게도 이러한 추측은 빗나가게 되었다. 사실 세 개의 주가 영향을 받았다 : 일리노이는 안건 1에서는 18석을 분배받았지만, 안건 2에서는 19석을 분배받았다 ; 텍사스는 안건 1에서는 9석, 안건 2에서는 10석이 되었다 ; 그리고 알라바마는 안건 1에서는 8석이었지만, 안건 2에서는 7석이 되었다. 다른 조건은 변하지 않고 하원의 의석 수만 하나 더 늘었는데 알라바마는 의석수 하나를 손해보게 되었다.

다음의 예제에서는 수학적 측면에서 알라바마 모순이 설명될 것이다.

예 제 8. 이것은 실제로 발생했던 상황을 근거로 한 것이다. 계산의 편의를 위해서 숫자들은 단순화시켰고 세 개의 주는 TX, IL, AL이라고 하자. 다음의 표에 있는 것은 최근의 인구조사에 의한 것이다.

주	TX	IL	AL	합계
인구	10,030	9,030	940	20,000

하원의 의서 수는 M=200이라고 하자. 이때 표준약수는 100이 되고, Hamilton 방법에 의하면 다음과 같다.

주	TX	IL	AL	합계
인구	10,030	9,030	940	20,000
표준비율	100.3	90.3	9.4	200
1단계	100	90	9	199
2단계			+1	+1
최종 분배	100	90	10	200

이제 하원 의석 수를 M=201로 바꿔 보자. 표준약수는 99.5가 되고 Hamilton 방법에 의하면 다음과 같다.

주	TX	IL	AL	합계
인구	10,030	9,030	940	20,000
표준비율	100.8	90.75	9.45	201
1단계	100	90	9	199
2단계	+1	+1		+2
최종 분배	101	91	9	201

예제 8은 알라바마 모순이 일어날 수 있는 방법을 명확히 보여주고 있다. M의 크기가 커짐에 따라 비율의 소수 부분에 변화를 가져왔다. 이 예에서 AL은 잉여석을 얻을 수 있는 1순위에서 마지막 순위가 되었고, 잉여석은 늘어났지만 AL은 의석 하나를 손해보게 되었다.

인구증가 모순

이 모순의 이해를 돕기 위해서 조금 더 간단한 모순을 소개하겠다. 1900년 미국 인구조사에 의하면 버지니아의 인구는 1,854,184였다. 하원 의석수 M=386을 기준으로 하는 표준비율은 9.599였다. 1901년에는 버지니아의 인구가 1,874,024(1.07%의 성장률)이 되었다. 1901년의 인구와 M=386을 기준으로 하면 버지니아의 표준비율은 9.509가 된다.

버지니아의 인구가 증가했음에도 불구하고 비율이 내려간 이유는 다음과 같다. : 국가 전체의 인구 증가 속도가 버지니아의 증가 속도보다 컸기 때문이다 이것은 간단한 산수 계산으로 쉽게 설명이 된다.

버지니아의 인구 성장률이 1.07%일 때, 메인의 인구 성장률은 이보다 훨씬 더 작은 0.67%인데, 메인의 표준비율은 3.595에서 3.548로 떨어지게 되었다. 다음의 표에 관련된 자료들이 있다.

	1900 비율	성장률 1900-1901	1901 비율
버지니아	9.599	1.07 %	9.509
메인	3.595	0.67 %	3.548

정말 놀랄 만한 사실은, 이러한 변화에 따른 Hamilton 방법에 의한 결과이다. 1900년에 잉여석 분배에 있어서 마지막 순위에 있던 메인이 1901년에는 버지니아를 앞서게 되었다. 다음의 표는 1900년과 1901년 각각 Hamilton 방법에 의한 의석 분배를 보여준다. 강조를 위해서 성장률도 다시 표시되었다.

	1900년도 의석 분배	성장률 1900-1901	1901년도 의석 분배
버지니아	10	1.07 %	9
메인	3	0.67 %	4

위의 경우에 있어서의 아이러니한 점은 버지니아의 성장률이 메인보다 더 크지만, 오히려 메인에 의석 하나를 잃게 되었다는 것이다. 이것을 인구 모순이라고 하고, 비례분배 문제에 의해 어떤 주가 오히려 비례적으로 작은 주에 의석 하나를 빼앗기게 될 때, 이 모순을 범하게 되었다고 한다.

다음의 예는 Hamilton 방법을 사용할 경우 인구 모순이 일어날 수 있는 경우를 완벽하게 설명해 준다. 이 예는 이 장의 첫부분에 사용된 예를 바탕으로 한다.(엄마와 50개의 M&M, 그리고 아이들이 집안 일을 돕던 것을 기억하기 바란다.)

예 제 9. 다음의 표는 이 장의 첫부분에서 50개의 M&M이 Hamilton 방법에 의해 어떻게 분배되었는지를 보여준다.

	가언	나영	다람	미나	유미	합 계
일한 시간(단위:분)	150	78	173	204	295	900
표준비율 (표준약수=15)	$8\frac{1}{3}$	$4\frac{1}{3}$	$9\frac{11}{18}$	$11\frac{1}{3}$	$16\frac{7}{18}$	50
1단계: 비율을 모두 내림한다.	8	4	9	11	16	48
2단계: 잉여물을 분배한다.			+1		+1	2
최종 분배	8	4	10	11	17	50

사탕을 나눠주기 바로 직전에, 엄마가 그릇 세척기에 있는 그릇을 정리해야 되는 것(9분의 추가적인 일)을 발견했다. 엄마는 이 일을 하는 사람에게 일한 시간을 추가한 뒤, 다시 Hamilton 방법을 사용해서 M&M을 나눠주기로 했다. 다람(8분)과 유미(1분)만이 일을 했다. 다음 표는 새로운 결과에 의해 M&M이 분배되는 방법을 보여준다.

	가언	나영	다람	미나	유미	합 계
전에 한 일	150	78	173	204	295	900
추가로 한 일	0	0	8	0	1	9
최종적으로 한 일	150	78	181	204	296	909
표준비율	8.25	4.29	9.96	11.22	16.28	50
(표준약수 = 18.18)						
1단계 : 비율을 내림한다.	8	4	9	11	16	48
2단계 : 잉여물을 분배한다.		+1	+1			2
최 종 분 배	8	⑤	10	11	⑯	50

추가적인 일을 하기 전과 후의 결과를 비교해 보면 모순을 쉽게 찾을 수 있다. 나영은 불로소득으로 유미의 M&M을 하나 더 차지하게 되었다.

새 지역 모순

Hamilton 방법 뒤에 숨어 있는 세 번째 모순은 1907년에 오클라호마가 주가 된 뒤 나타났다. 1907년 이전에 있는 주들의 의석 분배는 1900년 미국 인구조사에 따라 분배되었다(하원 의석 수는 M=386이었다). 다른 주에 사용된 표준약수에 의하면 오클라호마에 분배되는 의석 수는 5석이므로, 하원 의석 수에 5개가 더해져서 오클라호마가 합쳐진 뒤 연방국의 총 하원 의석 수는 391이 되었다. 하원 의석 수에 5개를 추가한 것은 이전의 의석 분배에 영향을 주지 않기 위해서이다. 따라서, 새로 합쳐진 주에 의해서 나머지 주의 의석 분배는 영향을 받지 않아야 한다.

오클라호마가 새로이 합쳐진 뒤 이전과 같은 인구수, 같은 의석수(M=391)와, 같은 방법(Hamilton 빙법)에 외해 다시 의석 분배가 이루어 졌다고 하자. 이에 따라 예상되는 결과는 오클라호마가 5개의 의석을 얻고, 나머지 주에는 이전과 같은 의석 분배가 되는 것이다. 그러나 메인의 의석 수는 3개에서 4개로 늘었고, 뉴욕의 의석 수는 38개에서 37개로 줄었다. 오클라호마는 자신의 공평한 몫인 5석을 가지고 연방국에 합쳐졌지만, 그 대가로 뉴욕은 메인에 의석 하나를 빼앗기게 되었다! 새로운 주가 공평한 몫을 가지고 합쳐지더라도 다른 주들의 의석 분배에 영향을 주게 되는 것을 **새 지역 모순**라고 한다.

다음의 예제는 새 지역 모순에 대해 간단히 설명해 준다.

예 제 **10.** 어떤 학군에 두개의 고등학교가 있다. 북고등학교에는 1045명의 학생이 등록되어 있고, 남고등학교에는 8955명의 학생이 등록되어 있다. 이 학군에서는 100명의 상담원을 두 학교 사이에 Hamilton 방법에 의해 분배하려고 한다. 결과적으로 북고등학교에 10명이 남고등학교에 90명이 배당되었다. 다음의 표에는 계산 과정이 요약되어 있다.

	북고등학교	남고등학교	합계
등록자 수	1,045	8,955	10,000
표준비율 (표준약수=100)	10.45	89.55	100
분 배	10	90	100

이제 이 학군에 새로운 고등학교(동고등학교)가 생겼다고 하자. 동고등학교의 등록 학생 수는 525명이므로, 이 학군에서는(이전과 같은 표준약수=100을 사용해서) 남고등학교에 배당될 5명의 상담원을 추가로 고용하였다.

이러한 결과에 따른 Hamilton 방법에 의한 분배는 다음의 표에 있는 것과 같이 되었다.

	북고등학교	남고등학교	동고등학교	합계
등록자 수	1045	8955	525	10,525
표준비율 (표준약수=100.238)	10.4	89.34	5.24	105
분배	11	89	5	105

알라바마, 인구증가, 새 지역 모순들은 Hamilton과 Lowndes 방법에 나타나는 심각한 문제점들이다. 약수 방법(Jefferson, Adams, Webster 방법)에서는 이러한 오류들이 발생하지 않는 것이 수학적으로 증명되었으므로, 이러한 관점에서는 약수 방법이 비율 방법보다 우세하다고 할 수 있다. 다른 한편으로는, Hamilton과 Lowndes 방법은 비율 법칙을 위반하지 않지만, 앞에서 발견되었듯이, 세 개의 약수 방법은 위반할 수 있다.

결론 : Balinski와 Young의 불가능 이론

이 절에서는 다섯 개의 서로 다른 비례분배 방법이 소개되었다. 다음의 표는 다섯 개의 다른 방법에 의해 각각 예제 1의 국회의 의석이 분배된 결과를 보여준다. 다섯 개의 다른 방법에 의해 다섯 개의 다른 의석 분배가 이루어졌음에 주의하기 바란다.

지역	A	B	C	D	E	F	합계
인구(단위:천)	1,646	6,936	154	2,091	685	988	12,500
비율	32.92	138.72	3.08	41.82	13.70	19.76	250
Hamilton	33	139	3	42	13	20	250
Lowndes	33	138	4	41	14	20	250
Jefferson	33	140	3	42	13	19	250
Adams	33	137	4	42	14	20	250
Webster	33	138	3	42	14	20	250

설명된 다섯 개의 방법들 중, 두개는 비율 방법(Hamilton, Lowndes) 이고 나머지 세 개는 약수 방법(Jefferson, Adams, Webster)이다. 다음의 표는 이 다섯 개의 방법들에 대한 특징을 보여준다.

	Hamilton	Lowndes	Jefferson	Adams	Webster
비율 규칙의 위반	No	No	Yes	Yes	Yes
알라바마 모순	Yes	Yes	No	No	No
인구증가 모순	Yes	Yes	No	No	No
새 지역 모순	Yes	Yes	No	No	No
인구에 따른 선호도	많은 주	적은 주	많은 주	적은 주	중립

어떤 방법이 다른 방법에 대해 우세할 수는 있지만, 완벽한 방법은 없다 : 다섯 가지 방법 모두 하나 또는 그 이상의 결점을 가지고 있다. 많은 세월 동안, 비례분배 문제에 대해 생각해 온 많은 사람들은 수학자들이 언젠가는 이상적인 비례분배 방법 - 비율 법칙을 위반하지도 않고, 모순을 범하지도 않고, 인구의 많거나 적은 지역에 모두

공평한 분배를 발견할 것을 바랬다. 1929년까지 거슬러 올라가 보면, 하원 Ernest Gibson도 국회에서 이러한 생각을 밝힌 적이 있다. "인구에 따라 하원 의석을 분배하는 것은 수학적 문제이다. 그렇다면 공평성이 보장되는 올바른 수학적 공식에 의한 방법을 사용하는 것이 타당하지 않은가?"

그러나 1980년대에 두 명의 수학자 스토니 브룩의 뉴욕 주립대학의의 Michel L. Balinski와 메릴랜드 대학의 H. Peyton Young의 협력에 의해 Balinski와 Young의 불가능 이론이 발견되었다 : 수학적으로 비례분배 방법이 결점을 가지지 않는 것은 불가능하다. 비율 법칙을 위반하지 않는 비례분배 방법은 모순을 범하게 되고, 모순을 범하지 않는 비례분배 방법은 비율 법칙을 위반하게 된다.

불가능 이론을 접하게 되면, 이상적인 비례분배 방법은 없다는 사실에서 우리가 알고 있는 방법들을 좀 더 자세히 살펴보게 된다. Daniel Webster도 비례분배 문제에 대해 이야기할 때, 이것을 직관적으로 알고 있었다. 그는 "완벽하게 되어질 수 없는 것은 최대한 완벽에 근접하도록 되어져야 한다"라고 말했다.

알려진 비례분배 방법 중 가장 좋은 방법은 어느 것인가? 불행하게도, 어떤 수학자들도 정치가들도 이 의문에 대해 합의를 보지 못했다. 국회에서 사용되고 있는 Huntington-Hill방법이 어떤 수학자들은 최고라고 생각하지만, 최근에는 많은 수학자들은 Webster의 방법이 최고라고 판단하게 되었고 국회에서 비례분배 방법으로 다시 채택되어야 한다고 생각한다.

결 론

사람들 사이에서 물건 또는 여러 물건들을 나누는 것은 실제로 우리 생활에서 흔히 접하는 문제이다. 만약 그 물건이 피자, 케이크, 또는 사탕 한 봉지라면 우리는 공평성에 큰 관심을 가지지 않는다. 그러나 재산, 한 구획의 토지, 또는 다른 가치 있는 물건이라면 심각한 문제가 된다.

언뜻 보기에, 공평성의 문제는 수학의 영역과는 거리가 먼 것 같다. 이러한 문제를 논의하기엔 윤리학이나 법학이 더 적합한 것 같이 느껴진다. 따라서 몇 가지 기본적 조건이 갖추어진 경우, 공평성을 보장할 수 있을 뿐만 아니라 우아함도 갖춘 방법들을 수학이 제공한다는 데 놀라게 된다.

이 장에서는 공평한 분배 방법이라고 하는 몇몇의 이러한 방법들을 살펴보았다. 특정 상황에서 어떤 공평한 분배 방법을 사용하는 것이 가장 적합한지는 명확하지 않다. 사실, 많은 경우에 수학적으로 공평한 분배를 이루지 못한다. 그러나, 일상적인 경우에는 대부분이 이 장에서 소개된 공평한 분배 방법 또는 그 변형에 의해 해결될 것이다. 다음에 유산, 실물 재산, 또는 한 병의 오래된 포도주를 나눌 때는 이 방법들을 기억해서 사용해 보기 바란다.

13
경제와 수학

봉급생활자들은 정년퇴임 후 퇴직금을 매월 연금으로 받을 것인지 일시불로 받을 것인지의 문제로 매우 심각하게 고민하게 된다. IMF 전이나 그 직후의 고금리 시기에는 일시불로 받아서 은행에 예금을 하여 받는 금리로도 생계가 가능하였다. 그러나 최근 들어 금리가 5% 아래로 떨어지면서 금리에 생계를 의존하는 사람들의 수입은 절반 아래로 내려가게 되어 연금으로 받는 것이 나았다고 생각하기도 한다. 요즈음은 개개인이 자신의 자산을 어떻게 재테크하여 늘일 수 있을지 많은 관심을 가지게 되었고, 은행에 의존하던 자산관리방법이 보험, 증권, 부동산 등으로 다양해 졌다. 생활 속에서 이러한 경제 활동을 이해하는데 필요한 최소의 지식을 수학이 사용되어 지는 부분에서 간단히 짚어 보고자 한다.

경제활동이란 노동과 자산을 사용하여 새로운 가치를 창출하는 과정을 의미한다. 노동과 자산을 **자본**이라 하며, 자본을 증가시키기 위한 활동을 **투자**라 하며, 자본을 투자하여 만들어진 가치를 **부가가치**라 한다. 부가가치를 생산하는 과정이 경제활동이다. 개인은 은행에 저축하여 일정기간이 지나면 금리를 받고, 은행은 개인이 저축한 돈을 기업에 투자하여 부가가치를 창출한다. 개인의 가장 기초적 경제활동인 예금의 금리 계산에 대하여 생각해 보자.

1. 단리와 복리

은행에 예금한 금액을 **원금**이라 하고, 일정 기간 후에 생산되는 부가가치를 **이자** 혹은 **금리**(interest)라 한다. 원금과 이자를 합한 금액을 **원리합계**(또는 원리금)라 한다. 이자를 계산하기 위한 원금에 대한 비율을 이율이라 한다. 이자는 일정기간을 두고 계산하며, 계산하는 방법에 따라 단리와 복리로 구분한다. 은행에서는 주로 3개월마다 한번씩 1년에 4번 이자 계산을 한다. 매 기간 마다 원금에 이율을 곱하는 것을 **단리이자**(simple interest)라 하고, 일정기간 동안의 이자를 원금에 합한 원리합계를 원금으로 하여 다음 기간이 지난 후 이율을 곱하여 발생하는 이자를 **복리이자**(compound interest)라 한다. 단리로 계산하는 것 보다 복리로 계산하는 경우는 원금에 이자가 붙어서 눈덩이처럼 불어나게 되는데 실제로 계산을 통하여 느껴볼 수 있다.

100만원을 연이율 10%로 단리로 계산하여 1년 뒤 원리합계를 계산해 보면,

$1,000,000+1,000,000\times0.1=1,100,000$원 이다. 그러나 1년에 두 번 복리로 계산할 경우 1년 뒤 원리합계를 계산해 보면, 6개월간의 이율은 5%이므로 6개월 뒤 원리합계는

$$1,000,000+1,000,000\times0.05=1,050,000\text{원}$$

이고 1년 뒤의 원리합계는

$$1,050,000+1,050,000\times0.05=1,102,500\text{원}$$

이다. 단리와 복리로 계산한 원리금의 차이가 2,500원이다. 이제 복리이자 계산을 분기별로 해보자.

1분기가 3개월이므로 분기별 이율은 2.5%이다. 3개월 뒤 원리합계는

$$1,000,000+1,000,000\times0.025=1,025,000\text{원}$$

이고 6개월 뒤 원리합계는

$$1,025,000+1,025,000\times0.025=1,050,625\text{원}$$

이다. 9개월 뒤 원리합계는

$$1,050,625+1,050,625\times0.025=1,076,890\text{원}$$

이고 1년 뒤 원리합계는

$$1,076,890+1,076,890\times0.025=1,103,812\text{원}$$

이다. 같은 복리 계산이지만 복리회전을 조금 빠르게 하였더니 일년에 두 번 계산하는 것 보다 분기별 계산이 이자를 1,312원 더 받을 수 있게 한다.

먼저 단리와 복리 계산에 의하여 원리금을 구하는 일반식을 구하여 보자. 원금을 S, 이자는 I, 이율은 r, 기간은 n이라 한다. 단리로 계산한 원리금 K는

$$K=S+S\times n\times r=S(1+nr)$$

이다. 이제 위의 경우에 원리금을 복리로 계산해 보자.

첫 번째 기간 후 복리로 계산한 원리금은

$$K_1=S+S\times r=S(1+r)$$

이고 두 번째 기간 후 복리로 계산한 원리금은

$$K_2=S(1+r)+S(1+r)\times r=S(1+r)(1+r)=S(1+r)^2$$

이다. 같은 방법으로 n기간 후 복리로 계산한 원리금은

$$K_n=S(1+r)^{n-1}+S(1+r)\times r=S(1+r)^{n-1}(1+r)=S(1+r)^n$$

이다. 즉 $K_n=S(1+r)^n$이다.

예 제 **13.1.** 1,000만원을 뷴기별 이율 1%로 1년간 예금하였을 때 단리와 복리로 원리금을 구하여 보시오.

풀 이 ☞ 분기별 1년간이면 4번의 이자 계산이 된다. 단리로 계산하면

$$K = 10,000,000(1 + 4 \times 0.01) = 10,400,000\text{원}$$

이고, 복리로 계산하면

$$K_4 = 10,000,000(1 + 0.01)^4 = 10,406,040\text{원}$$

이다. 복리이자가 단리이자보다 6,040원이 더 많다.

위 예제의 경우, 같은 이율이지만 복리로 계산하는 것이 단리로 계산하는 이자보다 높은 것을 알 수 있다. 일정 기간 동안의 복리 이자를 단위기간(대개 1년 단위)의 단리이자로 환산하였을 때의 효과를 **연이율효과**라고 하고 하는데, 은행에서는 연이율효과를 광고에 사용하기도 한다. 위의 경우, 연이율효과는 4.06%가 된다. 은행에서는 '연이율 4%로 분기별 복리이자를 준다' 고 하기보다는 '분기별로 이자를 산정하는 복리이자를 주며, 이때 연이율은 4.06% 이다'라고 하여 고객들에게 좋은 이미지를 갖게 한다.

예 제 **13.2.** 은행에서 연이율 6%로 매달 복리이자를 계산할 때 연이율효과는 얼마인지 계산하시오.

풀 이 ☞ 연이율 6%로 매달 계산하면 월이율은 $\frac{6}{12}\% = 0.5\%$이다. 1년 후 원리합계는 $S(1 + 0.005)^{12} = S(1 + 0.6168)$이 되어 단리이자를 계산할 경우 연이율은 6.17%가 된다. 그러므로 연이율효과는 6.17%이다.

일년에 이율 r로 n번 복리 산정하는 경우에 원리금이 $S(1+r)^n$이고, 이때 연이율 r'로 단리 산정한 원리금은 $S(1+r')$이므로

$$S(1+r)^n = S(1+r')$$

이다. 그러므로 연이율효과는

$$r' = (1+r)^n - 1$$

이다.

위 예제에서 연이율효과는

$$(1+0.005)^{12} - 1 \fallingdotseq 0.617$$

이다.

2. 연속복리

같은 이율이지만 복리로 계산한 경우 일년에 두 번 계산하는 것과 분기별 계산하는 경우 이자가 달라지는 것을 보았다. 복리로 계산하는 산정기간이 빠를수록 원리합계가 증가하는 것을 다음 계산에서 볼 수 있다. 100만원을 연이율 100%로 복리로 계산할 경우 반년마다 계산하면 1년 뒤 원리금은

$$1,000,000\left(1+\frac{1}{2}\right)^2 = 2,250,000\text{원}$$

이다. 분기별 계산하면 1년 뒤 원리금은

$$1,000,000\left(1+\frac{1}{4}\right)^4 \simeq 2,441,000\text{원}$$

이고 매달 계산하면 1년 뒤 원리금은

$$1,000,000(1+\frac{1}{12})^{12}\simeq 2,613,000\text{원}$$

이 된다. 복리의 회전을 더 빨리해서 매일 산정하면

$$1,000,000(1+\frac{1}{365})^{365}\simeq 2,715,000\text{원}$$

이고 1시간마다 복리 산정을 하면 1년은 8760시간 이므로

$$1,000,000(1+\frac{1}{8760})^{8760}\simeq 2,718,000\text{원}$$

이다. 1분마다 복리 산정을 하면 1년 후 원리합계는

$$1,000,000(1+\frac{1}{525,600})^{525,600}\simeq 2,718,000\text{원}$$

으로 거의 같은 값이 되어진다.

이것은 복리산정 회수를 n이라 했을 때 $(1+\frac{1}{n})^n$이라는 수열이 수렴하는 값을 가지기 때문이다.

$$\lim_{n\to\infty}(n+\frac{1}{n})^n = e \fallingdotseq 2.7182818\cdots$$

은행에서는 매 순간마다 복리이자를 산정하는 것을 **연속복리**로 이자계산을 한다고 한다. 그러면 연속복리로 계산할 경우 원리금을 계산해 보자.

원금을 S, 연이율이 r이라 한다면 n번의 복리산정 기간이 주어졌을 때 k년 뒤의 원리금은

$$K = S(1+\frac{r}{n})^{nk}$$

이고 이 때 n이 무한대로 가면 연속복리 계산이 된다.여기서 해석학에서 증명된 극한값 $\lim_{n\to\infty}(1+\frac{1}{x})^x = e$($x$는 실수)를 사용하기위하

여 식을 조금 바꾸어 보면

$$K = S[1 + \frac{1}{(\frac{n}{r})}]^{(\frac{n}{r})(rk)}$$

이며 $x = \frac{n}{r}$이라 하면

$$K = S[(1 + \frac{1}{x})^x]^{rk}$$

이므로 x가 무한대로 가면

$$K = S[(1 + \frac{1}{x})^x]^{rk} \rightarrow Se^{rk}$$

임을 알 수 있다. 그러므로 원금 S, 연이율 r일 때 k년 동안 연속복리에 의한 원리금은 $K = Se^{rk}$이다.

예 제 **13.3.** 원금 10,000,000원을 연이율 10%로 연속복리 산정한다면 2년 뒤 원리금은 얼마인가?

풀 이 ☞ 2년간 연속복리 산정 후 원리금은

$$\begin{aligned} 10,000,000\,e^{0.1 \times 2} &= 10,000,000 \times 1,2214 \\ &= 12,214,000 \end{aligned}$$

이다. 1년간 연속복리 산정시

$$e^{0.1} - 1 = 1.1052 - 1 = 0.1052$$

이므로 연이율효과는 10.52%이다.

연속복리로 이자를 계산하는 경우 $\lim_{n \to \infty}(1 + \frac{1}{x})^x = e$라는 극한치

를 사용하므로 이자를 산정하는 횟수가 아무리 많아지더라도 일정한 수 e에 수렴하게 되어 그 값에는 제한이 주어진 셈이다. 그러나 위의 식을 벗어나는 복리계산인 경우는 엄청난 차이가 나타나게 된다.

원금 100만원을 연이율 100%의 이율로 단리산정 할 경우 3년 뒤 원리금은

$$1,000,000(1+1\times3)=4,000,000\text{원}$$

이고 1개월마다 복리산정을 하면 3년 뒤 원리금은

$$1,000,000(1+\frac{1}{12})^{36}\fallingdotseq 17,840,000\text{원}$$

으로 엄청난 차이가 생긴다.

만일 원금 100만원을 연이율 300%의 이율로 단리산정 할 경우 1년 뒤의 원리금은

$$1,000,000(1+3\times1)=4,000,000\text{원}$$

이나, 1개월 마다 복리산정을 하면 1년 뒤 원리금은

$$1,000,000(1+\frac{3}{12})^{12}\fallingdotseq 14,600,000\text{원}$$

으로 1년 동안에도 단리와 복리 사이에 많은 차이가 있음을 볼 수 있다. 이것은 복리계산의 이자가 눈덩이처럼 불어나는 것을 보여주고 있다.

3. 적금과 대출

예금을 하여 목돈을 만들기 위해 적금을 붓는다든지, 우선 필요한

참조, 수학의 이해, 이상욱 고영미 저.

금액을 빌려 쓰고 일정기간 동안 분배하여 갚는 대출에 있어서도 연이율과 이자 계산 방법이 주요한 자료가 된다. 우선 일정금액을 예금했을 때 원리금이 그 금액의 두 배가 되는 기간은 얼마나 걸리는지 생각해 보자. 원금 S, 연이율 r, n년 후에 원리금이 $2S$가 된다고 하자. 단리산정인 경우는

$$S(1+rn)=2S$$

이므로 $n=\frac{1}{r}$이다. $\frac{1}{r}$년 후에 원금의 두 배가 된다. 복리산정의 경우는

$$S(1+r)^n=2S$$

이므로 $n=\frac{\log 2}{\log(1+r)}$이다.

예 제 **13.4.** 연이율 8%로 예금할 경우 원금이 두 배가 되는 해수는 얼마나 걸리는가? 단리산정의 경우와 분기별 복리산정의 경우, 또한 연속복리 산정의 경우에 대하여 각각 구하여 보시오.

풀 이 ☞ 단리산정인 경우는

$$n=\frac{1}{0.08}=12.5$$

이므로 12년 6개월이 소요된다.

복리로 계산할 경우는 분기별 이율은 $r=\frac{0.08}{4}=0.02$이고 원금이 두 배가 되는데 소요되는 분기 수는

$$n=\frac{\log 2}{\log(1+0.02)}\fallingdotseq 35$$

이므로 $\frac{35}{4}=8.75$년 이므로 8년 9개월이 소요된다.

연속복리로 산정하는 경우는 원금이 2배가 되는 해수를 n이라 하면

$$2S = Se^{0.08n}$$

이므로 S를 약분하고 양변에 log를 취하면

$$\log 2 = \log e^{0.08n} = n \log e^{0.08}$$

이고 $n = \frac{\log 2}{\log e^{0.08}} = 8.66$

이다. 그러므로 8년 8개월이 소요된다.

일정금액을 정한 기간 동안 예금하여 목표하는 금액을 얻고자 할 때 필요한 기간을 구하여 보자.

예 제 **13.5.** 정우는 10년 후 20,000,000원을 만들기 위하여 예금을 하고자 한다. 연이율 8%로 분기별 복리로 예금한다면 현재 얼마를 예금하여야 하는가?

풀 이 ☞ 분기별 이율은 $\frac{0.08}{4}=0.02$이고, 10년간 예금 할 때 분기수는 40이다. 10년 뒤 원리금이 20,000,000원이 되려면

$$20,000,000 = S(1+0.02)^{40}$$

이므로 매 분기마다 $S=\frac{20,000,000}{(1.02)^{40}} \fallingdotseq 9,057,810$원을 예금하여야 한다.

한편 일정 금액을 매월 예금하고 일정 기간 후 목돈을 찾게 되는 적금이나, 연금, 보험과 같은 경우도 이율이나 그 이율의 적용에 따라 불입 금액이 달라지게 된다. 주기적인 적금, 적립, 입금 등을 하는 것을 **연금**이라 한다. 일정 금액을 납입 또는 지불하는 기간을 **납입주기** 또는 **지불주기**라 하고, 정한 기간에 지불한 총액과 그에 따른 이자를 합한 금액을 **연금총액**(적금총액)이라 한다.

매 납입주기 마다 K원을 납입하고, 납입주기를 단위로 하는 복리 이율이 r로서 n번 납입했을 때 연금총액이 얼마인지 계산해 보자. 처음에 K원을 납입하면 n번째에는 $n-1$번 복리 계산이 되므로 $K(1+r)^{n-1}$이다. 두 번째 기간에 납입한 K원은 $n-2$번 복리 계산이 되므로 $K(1+r)^{n-2}$이다. 계속해서 K원씩 불입하면 n번째에는 K원 그대로이므로 연금 총액은

$$\begin{aligned} S &= K(1+r)^{n-1} + K(1+r)^{n-2} + \cdots + K(1+r) + K \\ &= K[1 + (1+r) + \cdots + (1+r)^{n-2} + (1+r)^{n-1}] \\ &= K\frac{(1+r)^n - 1}{(1+r)-1} \\ &= K\frac{(1+r)^n - 1}{r} \end{aligned}$$

이다.

예 제 **13.6.** 연이율 8%로 분기별 복리 산정하는 적금을 매 분기 말에 1,000,000원씩 납입하면 3년 뒤 적립한 적립총액은 얼마인가?

풀 이 ☞ 분기별 이율은 0.02이고 3년이면 12분기이므로

$S=1,000,000\frac{(1+0.02)^{12}-1}{0.02}\fallingdotseq 13,412,000$원이다.

일정기간을 지난 후 목돈을 만들기 위하여 매월 불입해야 할 적금액도 계산해 볼 수 있다.

예 제 **13.7.** 5년 뒤 20,000,000원을 찾고자 할 때 분기별 복리로 연이율 8%의 적금에 들어가야 할 분기별 적금액은 얼마인가?

풀 이 ☞ $S=K\frac{(1+r)^n-1}{r}$이므로 분기별 적금액 K는

$$K=S\frac{r}{(1+r)^n-1}$$

이므로 $K=20,000,000\frac{0.02}{(1+0.02)^{20}-1}\fallingdotseq 823,134$

이다. 그러므로 분기별로 823,134원씩 적금하여야 한다.

은행에서 돈을 빌리는 것을 **대출**받는다고 한다. 은행에서 대출한 금액을 정기적으로 복리 이자를 포함해서 일정한 금액만큼씩 갚아 나가는 것을 **분할상환**이라 한다. S원을 대출받아서 이율 r로 n기간에 분할상환 하면, n기간 후 대출한 금액의 원리금은 $S(1+r)^n$이 된다. 한편 K원씩 n번에 상환하면 n기간 후 상환한 총액은 $K\frac{(1+r)^n-1}{r}$이 되므로 대출한 원리금과 상환총액이 같으려면

$$S(1+r)^n=K\frac{(1+r)^n-1}{r}$$

이다. 그러므로 매 기간에 상환해야 할 금액 K는

$$K = S\frac{r(1+r)^n}{(1+r)^n - 1}$$

이다.

예 제 13.8. 경수는 20,000,000원을 대출받아 자동차를 사고 연이율 8%에 분기별 복리로 3년에 분할상환 하고자 한다. 분기별 얼마를 지불하여야 하는가?

풀 이

$$K = 20,000,000\frac{0.02(1+0.02)^{12}}{(1+0.02)^{12} - 1}$$
$$\fallingdotseq 1,891,000$$

그러므로 매 분기마다 1,891,000원을 상환하여야 한다.

예 제 13.9. 은행에서 10,000,000을 대출받아서 연이율 12%의 월 복리로 계산하여 3년 동안 분할상환 하고자 할 때 매월 상환액은 얼마인가?

풀 이

$$K = 10,000,000\frac{0.01(1+0.01)^{36}}{(1+0.01)^{36} - 1}$$
$$\fallingdotseq 332,600$$

그러므로 매월 332,600원씩 지불하여야 한다.

고대로부터 인류의 역사는 강을 배경으로 시작 되었다. 아프리카의 나일강변, 서아시아의 티그리스・유프라테스강 유역, 남 중앙아시아의 인더스강 유역, 그리고 동아시아의 황하유역을 들 수 있다. 강은 수송역할을 할 뿐 아니라 배수, 치수, 관개 등으로 강 유역의 땅을 비옥한 땅으로 만들어 농경시대의 발전을 볼 수 있다. 홍수의 범람과 같은 여러 가지 환경문제를 극복하기 위하여, 또한 토목, 건축과 같은 실용적인 과학으로 발생되면서 산술과 측량 같은 특징을 가지는 것이 수학의 시초라 할 수 있다. 이러한 방식을 통해 대수가 산술로부터 발전하였고 기하학이 측량으로부터 발전하였다.

인간이 살아가는데 필요하였기에 학문의 시작이 이루어졌고, 더 나은 삶을 추구하면서 학문의 발전을 요구하게 된 것이다. 이런 이유로 인하여, 수학사를 살펴보면 문명의 발달이나 국가의 힘이 수학이란 학문의 발전에 크게 영향을 주고 있음을 알게 된다. 인간의 필요에 의하여 학문이 시작되고 연구되어 졌으나, 현대사회에 이르러서는 학문의 영역이 너무나 고차원적으로 높은 수준에 이르고, 또한 분화되어 있어서 수학과 같은 기초과학분야의 이론이 우리에게 영향을 끼치고 있음을 전혀 느낄 수도 없을 뿐 아니라 오히려 많은 사람들에게서 기피되어지고 있는 현상을 볼 수가 있다. 이런 점에서 수학이란 학문의 역사를 살펴봄으로 우리생활의 변화된 흐름을 파악하고 앞으로 변화되어질 미래를 생각해 볼 수 있기 바란다.

1. 고대 수학

수학에 대하여 남아있는 기록의 시작은 기원전 1650년 경 아메스 파피루스에서 이다. 이는 당시 바빌로니아와 이집트인들의 최초의 수학을 의미한다. 바빌로니아인들은 영구적으로 구운 점토판을 사용하였고 이집트인들은 돌과 파피루스를 사용하였는데, 다행히 그지역의 건조한 기후 덕분으로 오랫동안 보존될 수 있었다. 이 시기에 중국과 인도의 수학이 전해지지 않은 것은 그 당시 사람들이 나무껍질이나 대나무 등에 기록했기 때문에 썩어서 그 기록이 보존되지 않은 것이라 생각하고 있다.

바빌로니아의 기하학은 실제 측량과 관계된 것이다. 기원전 2000년부터 기원전 1600년까지의 바빌로니아인들이 직사각형의 면적, 직각삼각형과 이등변삼각형의 면적들을 계산한 것으로 알려진다. 또한 산술은 2차방정식이 풀렸을 뿐 아니라 3차방정식과 4차방정식까지 논의되었다. 기원전 1600년경의 것으로 추정되는 예일대학의 어떤 판에는 4차방정식을 다룬 미해결 연립방정식 문제가 10여개나 실려있다.

기원전 600년경 철기시대로 접어들며 지중해 연안에서는 문화대변혁과 함께 교역과 여행이 늘어나게 되었다. 알파벳이 발명되고, 화폐가 만들어지고, 무역이 활발해지며 새로운 형태의 문명이 시작되었다. 중동아시아와 그리스 주변으로 부를 축적한 상인 계급이 늘어나면서 지적 호기심을 충족시키기 위한 부유한 계층의 부상은 탈레스, 피타고라스, 제논, 유클리드와 같은 인류초기의 수학자들을 탄생시키며 수학을 철학적 과학으로 만드는 영광에 이르게 한다. 그러나 같은 종류의 모든 기하학적 양들이 서로 비례하지는 않는다는 사실(직선위에 어떤 유리수도 대응되지 않는 점이 존재함)을 알았을 때, 모든 것이 정수에 따른다는 피타고라스 학파의 철학은 치명타를 입었다. 이것을 수학의 **첫 번째 위기**로 본다. 이 위기는 후일 에우독소스(Eudoxus)가 비례에 대한 새로운 정의를 만들어 해결하였고 유클리드 원론 제 5권에 실려있다. 또한 이것은 1872년에 데데킨트(Dedekind)에 의해 주어진 무리수에 대한 현대적 해설과 맞먹는 것이었다.

철학자로 더 잘 알려진 제논의 몇 가지 궤변은 그 후 약 2000년이 흐른 뒤 극한과 미적분학의 이론을 이루는 시작이 되고, 유클리드의 원론은 수학전체를 공리론적 기초로부터 논리적으로 유추한 시도가 되었으며 그 후 2000년간 수학교육의 교과서로 사용되었다.

피타고라스

아르키메데스(287~212B.C.)

2. 암흑시대

그 후 약 2000년간은 수학의 큰 발전을 볼 수 없는 긴 동면의 시기였다고 할 수 있다. 로마제국이 세계를 움직이며 여러 분야에서 위대한 업적을 남겼음에도 불구하고 수학적으로는 어떤 업적도 남겨주지 못하였다. 로마제국이 무너지는 5세기에서 11세기까지는 유럽의 암흑시대 이었다. 로마인들은 수학을 추상적으로 몰두하지 않고 상업이나 토목 공학과 관련된 단순한 실용적인 측면만 연구하였고 서구 문명은 쇠퇴하고 있었다. 학교교육은 없어지고, 그리스의 학문은 거의 사라지고, 고대로부터 물려받은 많은 예술과 기술은 잊혀져가고, 단지 카톨릭 수도원의 수도사들과 몇몇 지식인들만이 그리스와 라틴 학문의 명맥을 간신히 이어갔다.

11세기 후반에 이르러 지중해를 통한 교역이 활발해지면서 그리스의 고전적 수학이 유럽으로 들어오며 긴 지적 동면에서 깨어나기 시작한다. 철학자들은 무한의 개념을 생각하게 되었고 이것은 수세기후 수학자들에게 영향을 미치게 된다. 14세기는 유럽 인구의 1/3을 휩쓸어간 흑사병이 돌았고 정치적, 경제적 격변과 함께 백년전쟁이 시작되어 수학에서도 황폐한 기간이었다. 이 당시의 가장 큰 업적은 니콜 오렘(Nicole Oresme, 1323-1382)이 처음 사용한 것으로 분수 형태를 가지는 지수의 사용과 점을 좌표로 표현하는 것이다. 이것은 현대 좌표기하학의 전조가 되었으며 르네상스시대의 수학자들과 데카르트에게 영향을 주게 되었다.

1453년 콘스탄티노플(Constantinople)이 쓰러진 후 그리스의 학자들이 서구의 도시로 사리를 옮겼고, 그 당시 인쇄 출판 기술의 발명은 정보 확산에 큰 기여를 하였으며 그 당시 라틴어로 출간된 유클리드 원론은 아직도 우리에게 전해지고 있다. 천문학과 측량술의 발달은 수학연구를 하게 했지만 계산 기술과 정확도와 효율을 높이는데 그쳤다.

+, - 기호가 처음으로 등장한 것은 요한 비드만(Johann Widmann)이 1489년에 라이프니치에서 출간한 산술책에서인데 연산의 기호라기보다는 단순히 과부족을 나타내는데 사용하였다.

3. 근대 수학

17세기에는 잦은 정치적 종교적 전쟁의 영향으로 좋은 무기를 만들기 위한 기기 발명을 요구하였다. 또한 권위와 전통에 대한 지식인 혁명으로 종교개혁 운동이 있었으며 사회 전반적인 회의주의는 철학 활동을 불러 일으켰다. 그러나 수학사에서는 빛나는 시기였다. 이 시기의 수학은 전문 지식이 없이는 이해 할 수 없는 수학적 내용이 증가 한 것을 볼 수 있다. 영국에서는 네이피어(John Napier, 1550-1617)에 의해 로그가 창안되었고, 그 후 브리즈그(Henrg Briggs, 1561-1631)는 10을 밑으로 하는 상용로그를 탄생시킨다. 해리엇(Thomas Harriot, 1560-1621)은 현재 쓰고있는 지수표기법 a^2, a^3 등과, 〈 , 〉의 기호를 사용하였다. 오트레드(William Oughtred, 1474-1550)는 곱하기등 150여 가지 수학 기호들을 제시하여 대수의 기호화에 크게 기여하였다. 이 시기에 프랑스의 수학자들이 두드러지게 들어나 있다. 데카르트(Rene Descartes, 1596-1650)는 천정을 기어 다니는 파리를 보고 좌표

(Coordinate)를 생각해 내었고, 이것은 다양한 곡선과 기하학적 모양을 표현하고 구분하는 대수학적 방법을 기하학에 적용시키게 되었다. 데카르트의 친구 페르마(Pierre De Fermat, 1601-1665)는 17세기의 가장 위대한 순수 수학자로 알려 지며, 현대 정수론의 기초를 확립하였고, 최근에 해결된 페르마의 마지막 정리를 제시하였다. 데카르트와 페르마의 결정적인 공헌은 기하학적인 고찰을 그에 대응하는 대수적 고찰로 바꾼 해석기하학의 창시자로 인정하고 있다. 데카르트는 기하학적 내용을 방정식으로 나타내어 대수적으로 고찰하였고, 페르마는 방정식으로 시작하여 그것의 자취를 연구하여 기하학적 성질을 생각하였다. 또한 수학보다는 철학자, 종교가로 더 잘 알려진 파스칼 (Blaise Pascal, 1623-1662)은 기하학에서 가장 아름답고 응용범위도 많은 정리를 증명하였다(신비한 육각형 정리(mystic hexagram), 파스칼의 삼각형).

4. 미적분학의 출현

18세기의 수학에 대한 혁신은 미적분학의 활발한 연구이었다. 이는 수학의 다른 분야와 물리로의 응용에 대한 연구와 이론적 기반에 대한 확인 작업으로 연구방향을 돌리게 되었다. 이 시기는 대학에서보다는 대영제국의 영국 왕립학회에 의해 연구가 수행된 것이 많다. 1583년 종교적 박해를 피해 벨지움에서 스위스로 이민 온 베르누이 (Bernoulli)집안은 3대에 걸쳐 8명의 위대한 수학자를 배출하였다. 야곱 베르누이(Jakob Bernoulli, 1654-1705)와 요한 베르누이(Johann Bernoulli, 1667-1748)는 형제로 미적분학의 위력을 깨닫고 다양한 문제에 그 도구를 적용한 최초의 수학자들이다. 야곱 베르누이는 극좌표를 최초로 사용하였고, 통계학과 확률론에는 그의 이름이 붙은 이론이 많이 보인다(베르누이 분포, 베르누이 방정식, 베르누이 다항식). 요한 베르누이는 질투심이 많고 심술궂은 사람이지만 그 시대에서 가장 성공한 사람들 중 한 사람으로, 미적분학을 많이 보충하였고, 미적분학의 유용성을 인정하게 만드는데 큰 영향을 끼쳤다. 미적분학에서 로피탈의 정리(L'Hospital rule)도 사실은 요한 베르누이의 자료를 로피탈(De L'Hospital, 1661-1704) 후작이 요한의 면밀한 재정적 동의 아래 1696년 최초의 미적분학 교재를 만든것에서 잘못알려진 이유이다.

스위스의 바젤 출신인 베르누이 가문의 가계보

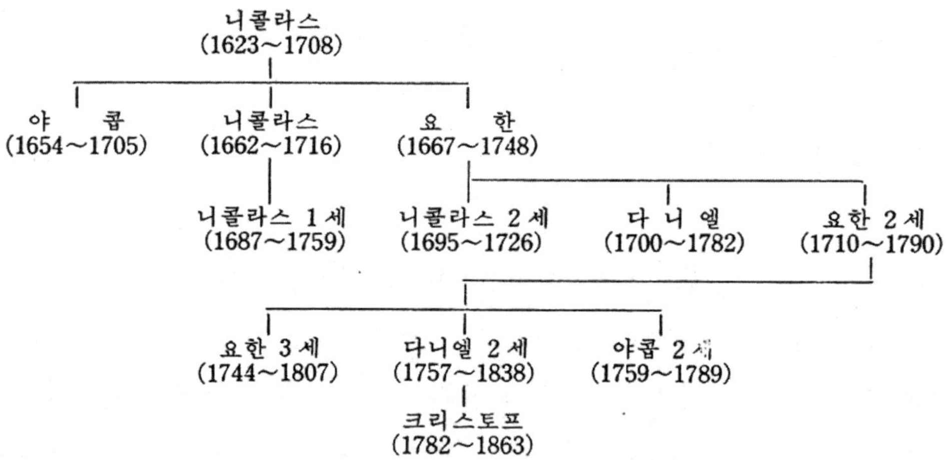

베르누이 가문에서 위의 12명이 수학과 물리학으로 이름을 떨쳤으며, 그 중 4명(야곱, 요한, 니코라스 1세, 다니엘)이 프랑스 과학아카데미의 외국인 회원으로 선출되었다.

그림 14-1

또한 "사람이 숨을 쉬듯, 독수리가 공중에 떠 있듯이 어떤 외견상의 노력없이 계산을 했다"는 베루누이의 제자 오일러(Leonardo

Euler, 1707-1783)는 시력을 잃으면서도 연구활동을 계속하여 900여 편에 이르는 저서와 논문을 발표하였으며 현재 대수학과 미적분학에서 쓰이는 많은 기초가 그에 의해 만들어 졌고 삼각함수의 기호와 삼각함수들을 만들었고, 삼각함수의 이론 역시 그가 정립한 것이다.

1642년 갈릴레오가 죽은 해 성탄절에 태어난 뉴턴(Issac Newton, 1642-1727)은 물리학자로서의 업적으로 잘 알려져 있다. 뉴턴이 태어나기 전에 농사를 짓던 그의 아버지가 돌아 가셨으므로 그는 농사를 지었으나 기계 모형을 고안하는 것과 실험하는 것에 재능이 뛰어나 생쥐의 힘으로 동력을 얻어 밀가루를 만드는 장난감 방앗간과 물의 힘으로 작동하는 나무시계를 만들었다. 캠브리지의 트리니티 칼리지에 입학하여 수학을 접하면서 수학을 창조하는 업적을 나타내게 되었다. 또한 물리학에 흥미를 갖고 광학에 관한 첫 번째 실험을 하였으며 만유인력의 기본원리를 공식화하였다. 뉴턴의 광학에 관한 이론들은 일부 과학자들로부터 공격을 받기도 하였다. 그는 1666년부터 10년 간 3개의 논문을 통해 미분계수 이론을 개발하였다. 그러나 논쟁을 싫어했던 뉴턴은 미적분학의 발견을 발표하지 않고 미루게되어 후일 라이프니치와 대륙간의 논쟁을 야기시킨다. 그는 그 시대의 수학자들 사이에 알려진 난제 중 어느것도 풀지 못한 것이 없었다고 한다. 자신에 대하여 그는 다음과 같이 겸손하게 말한다.

“나는 내가 세상에 어떻게 비춰질지 모른다. 하지만 내 자신에게 나는 진리의 거대한 바다가 아무것도 발견되어지지 않은 채 내 앞에 놓여있는 바닷가에서 놀며 때때로 보통보다 매끈한 조약돌이나 더 예쁜 조개를 찾고있는 어린애에 지나지 않았던 것 같다."

물리학적 문제에 대한 통찰력과 수학적으로 다루는 비상한 능력을 가진 뉴턴은 놀랄만한 집중력을 가지고 하루에 18내지 19시간을 집필하였다고 한다.

이 시기에 독일의 라이프니츠(Gottfried Wilhelm von Leibnig, 1646-1716)는 함수의 개념을 처음으로 수학에 도입하였고 독자적으로 미적분학을 개발하였다. 수학, 신학, 철학, 법학의 지식을 스무살이 되기전에 습득하였고, 라이프치히 대학에서 젊다는 이유로 법학박사학위를 거절당하기도 하였다. 그는 1673년과 1676년 사이에 미적분학을 고안 하였다. 1675년 10월 29일에 $\int y\, dy$로 적분을 표현하는 기호를 처음 사용하였고, 미분법에 관한 많은 기본법칙이 라이프니치에 의해 유도되었다. 그는 수학에 대한 뛰어난 감각과 기호를 잘 고안하는 감각을 가졌다. 그러한 기호의 사용이 현재까지 사용되고 있는 것이다. 한편 낙천주의자였던 라이프니츠는 수학의 역사에서 연속과 이산이라는 두 대표적인 성질을 완전하게 연관지은 유일한 사람이라 한다.

뉴턴(1642~1727)

라이프니츠(1646~1716)

비슷한 시기에 발표된 두 학자의 연구는 뉴턴-라이프니츠 논쟁을 일으키기도 했다. 오늘날의 견해로는 각자가 서로 독립적으로 발견하였다고 보며 뉴턴의 발견이 먼저 이루어진 반면에 결과를 먼저 출간한 것은 라이프니츠이었다고 본다. 그러나 이것은 영국과 유럽을 왕래하는 과학자들 간에 표절의 시비 문제가 애국심까지 거론되는 커다란 논쟁거리였으며, 이로 인해 영국이 유럽의 발전을 무시하게 되어 수학적으로 거의 100년이나 늦어지는 손해를 입게 된 것이다. 그러나 뉴턴과 라이프니츠의 사후 얼마간 미적분학의 창설자는 가려지지 않았고 연구자들은 주의를 기울이지도 않았고, 그것이 세워진 기초가 튼튼한가를 충분히 숙고하지도 않았다. 왜냐하면 그 분야의 연구자들은 미적분학의 놀랄만한 응용성에 매료되어 있었기 때문이다. 그리하여 결과를 정당화하는 논증 대신에 논증을 정당화하는데 그 결과를 이용하였고, 시간이 흐르며 모순과 역설이 점점 더 많이 나타났다. 해석학의 구조가 흔들리고 있었다. 이것을 **수학의 두 번째 위기**로 본다.

19세기에 접어들어 코시는 모호한 무한소법을 정확한 극한법으로 바꾸는 방법을 도입하였고 바이어슈트라스와 그의 제자들이 해석학의 산술화로 수학의 기초를 다지면서 수학의 전체구조를 튼튼히 다지게 되었다.

18세기에는 삼각법, 해석기하, 미적분학, 확률론, 미분방정식 등의 분야에 상당한 발전을 이루었고, 화법기하학과 미분기하학의 새로운 분야가 창조되었다.

1799년 6월 22일에 프랑스 혁명을 계승한 프랑스 공화정은 도량형의 미터법을 채택하였다. 또한 여성수학자의 등장을 볼 수 있다. 제르맹은 여자로서 에꼴 폴리테크에 입학되지는 않았지만 가명으로 제출한 서면 설명으로 수학자 라그랑주의 칭찬을 받기도 한다.

5. 19세기 수학

가우스((1777 ~ 1855)

수학의 황제라 불리는 독일의 가우스(Carl Friedrich Gauss, 1777-1855)는 18세기와 19세기에 걸쳐 수학의 거상으로 서 있다. 그는 아르키메데스, 뉴턴과 더불어 3대 수학자로 꼽히며 신동으로 3살에 산술 계산을 할 수 있었고, 10살 때 무한 수열에 익숙하였다. 1부터 100까지의 합을 즉시 계산하여 선생님을 놀라게 하였고, 말년에 그는 "말보다 계산을 먼저 배웠다"는 농담을 했다고 한다. 20세에 쓴 박사학위 논문에서, 최초로 대수학의 기본정리(복소수 계수를 가지는 n차원 대수방정식은 적어도 하나의 복소근을 가진다)를 증명하였다. 가우스는 1812년에 최초로 급수의 수렴성을 체계적으로 고찰하였다. 그는 "수학은 과학의 여왕이고 정수론은 수학의 여왕이다"라고 하였다.

19세기에 접어들면서 수학의 연구는 괄목할 만한 성과를 나타내고 있는데, 이때부터 수학이 세분화되면서 대수학, 기하학, 해석학 등의 세부 분야로 나뉘어 지며 수학자들도 그들의 연구를 소분야로 국한하게 된다. 미적분학의 연구는 물리학과 공학의 연구에 많은 도움을 주었고, 산업 혁명의 영향은 수학의 연구에도 도움을 준다.

이 시대에 비극적인 생애를 보낸 요절한 프랑스의 현대 수학자 갈루아(Evariste Galois, 1811-1832)는 '수학을 소설 읽듯이 읽었다'고 하는데, 그의 대수학연구는 현대 대수학과 기하학의 기초가 되며 군론의 창시자이다. 그는 두 번이나 에꼴 폴리테크에 입학을 거절 당하였고, 아버지가 자살하는 충격을 받았다. 혁명에 가담하여 수개월 감옥에 있었고, 21세에 애정문제로 권총결투에 유인되어 살해되었다. 갈루아는 '군'(Group)이란 용어를 최초로 사용하였다.

갈루아와 함께 짝을 이룰 수 있는 수학자 아벨(Niels Henrik Abel, 1802-1829)은 노르웨이의 목사 아들로 태어나 평생 가난에 시달리고 병으로 고생하며 타원함수에 관한 연구를 하였고 해석학 분야에서나 대수학분야에 그의 이름이 붙은 정리나 정의가 많이 있다. 그 역시 요절한 천재 수학자로 괄목할만한 업적을 남겼다는 점에서 갈로아와 함께 짝을 짓기도 한다. 아벨은 생전에는 그의 나라로부터 인정받지 못하였으나, 지금은 노르웨이의 소액우표에서 볼 수 있고 그의 기념비를 세우고, 그의 이름이 붙은 수학자들에 주는 '아벨상'을 제정하고 있다. 에르미트는 다음과 같이 말한다. "그는 수학자를 500년동안 바쁘게 만들 문제들을 남겼다."

갈루아(1811~1832)

아벨(1802~1829)

19세기 초에는 산술대수학과 다른 대수학이 존재할 수 있다는 것은 상상할 수 없었다.

아일랜드의 해밀톤(William Rowan Hamilton, 1805-1895)에 의하여 발견된 사원수는 교환법칙이 성립하지 않는 모순 없는 대수학을 생각하게 하였다. 비가환 연산이 처음 소개되면서 대수학이 추상적으로 발전하게 되었다. 행렬이론의 창시자인 영국의 케일리(Arthur Cayley, 1821-1895)와 실베스터(James Joseph Sylvester, 1814-1897)는 대수학을 기하학으로 응용하는데 공헌을 하였다.

또한 이 시기에 라그랑주(Joseph Louis Lagrange, 1736-1813)와 가우스에 의해 해석학의 엄밀화 작업이 시작되었는데, 프랑스의 수학자 코시(Louis Cauchy, 1789-1857)는 극한의 개념을 엄밀하게 정의하였고 미적분학의 확고한 기초 이론을 정립하였다. 그는 오일러(Leonhard Euler, 1707-1783) 다음으로 많은 논문(789편)을 발표하였는데 과다한 발표와 저작에 비판을 받기도 하였다.

바이어슈트라스(Karl Weierstrass, 1815-1897)는 청년 시절을 법학과 경제학의 공부로 보내다 늦게 수학 공부를 시작하였지만 '현대 해석학의 아버지'로 알려질 정도로 엄밀한 증명, 신중한 추론으로 전해지고 있다. 40세에 베를린 대학의 강사로 중·고등학교를 벗어나 고등수학에 전념하였고 뛰어난 교수능력을 발휘하여 고등수학의 가장 훌륭한 강의자로 전해진다.

그는 함수와 도함수의 개념을 명확히 하였고 미적분학의 모호한 부분을 깨끗이 정리하였다.

이 시기에 곡면과 곡면의 성질과 그것의 일반화, 미적분을 써서 연구하는 미분기하학의 연구가 리만(Georg Bernhrd Riemann,

1826-1866)에 의해서 시작되었다. 그는 루터교 목사의 아들로 수줍음이 많고 허약했다. 그는 베를린 대학과 괴팅겐 대학에서 교육을 받고 복소함수론 분야에서 박사학위를 받았다. 이 논문에서 코시-리만방정식이 나온다. 리만은 우리가 리만적분으로 알고있는 것의 정의에 의해서 적분가능성의 개념을 명확히 하였다. 무한히 가까운 두 점 사이의 거리에 대한 공식으로부터, 리만은 각 거리가 결과로 나타나는 공간과 기하학의 성질들을 결정하는 많은 다른 거리공식이 사용되어질 수 있다는 사실을 지적하므로 리만기하학의 시작을 열었다. 그리하여 리만기하학으로 알려진 일반화 미분기하학이 연구되어지기 시작하였다.

6. 근세 수학

19세기에서 20세기로 넘어오는 시기에 현대 수학에 큰 변화를 준 수학자들로서 칸토어(Georg Cantor, 1845-1918), 크로네커(Leopold Kronecker, 1823-1891)를 들지 않을 수 없다. 칸토어는 신교로 개종한 유태인 아버지와 카톨릭 신자인 어머니 사이에서 러시아에서 태어나 독일에서 성장하였다. 칸토어는 중세신학, 연속성과 무한의 논쟁에 깊은 관심을 가졌다. 그는 괴팅겐, 베를린 대학교에서 공부하였고 이때 바이어슈트라스의 영향을 받았다. 1869년부터 할레대학에서 강의하다 정신병원에서 죽었다. 1874년에 그는 집합론과 무한이론에 관한 혁명적인 연구를 시작하였다. 그리하여 멱집합의 크기에 대한 개념을 기초로 초월수라 불리는 무한의 종류를 분류하는 이론을 개발함으로써 무한의 수학적 취급을 시행하였다.

칸토어(1845-1918)

크로네커(1823~1891)

그러나 유한론자이며 칸토어의 스승이었던 크로네커는 칸토어의 논문은 수학이 아닌 신학으로 간주하여 심하게 비난하였고, 베를린대학교의 교수직을 원했던 칸토어의 노력을 완강히 반대하였다. 그로 인하여 칸토어는 신경쇠약으로 정신병원에서 죽음을 맞게 된다. '신은 정수를 만드셨고 나머지 수는 모두 사람이 만든 것이다'라고 했던 크로네커는 '모든 수학은 수 전체에 대한 유한한 방법에 의존해야만 한다'고 믿는 19세기의 피타고라스 였다. 칸토어의 집합론은 수학에서 논쟁을 일으키지만 탁월한 부분으로 남아있으며 현대수학의 움직임에 새롭게 변화를 주었고 그 이론은 모든 수학에 영향을 끼쳤다.

공간의 개념과 공간기하학, 극한, 함수, 미분적분과 같은 해석학의 기본 개념도 집합의 개념으로 표현되면서 새로운 수학 발전의 터전이 되었으며, 추상공간이 탄생하면서 차원과 측도 이론, 위상수학의 탄생 등 수학이 폭발적으로 그 성장을 보였다. 현대수학은 집합의 개념을 기반으로 하게 되었다. 그러나 러셀(Bertrand Russell, 1872-1970)이 칸토어의 집합론에서 모순(러셀의 파라독스)을 찾아내면서 현대수학의 허점이 드러나게 되었다. 이것은 **수학의 세 번째 위기**였다. 집합론의 모순을 해결하기 위하여 논리에서 문제점을 찾기 시작하였고 이는 논리의 기초를 철저히 고찰하도록 만들었다. 수학의 기초와 관련하여 러셀과 화이트헤드(Alfled North Whitehead, 1861-1947)가 개척한 논리주의, 네델란드 수학자 브로워(L. E. J. Brouwer)가 이끄는 직관주의, 힐버트가 발전시킨 형식주의로 불리우는 논리학파가 존재한다. 한편 칸토어의 집합론에서 발생한 문제점은 후일에 괴델(Kurt Gödel)과 코언(Paul Cohen)에 의해서 해결되어 졌다.

20세기 수학의 거장은 힐버트(David Hilbert, 1862-1943)라고 할 수 있다. 그는 현대적 공리체계를 사용하여 유클리드 원론을 완전히 재정비하여 기하학의 기초를 완성하였다. 즉, 정해진 방법에 따라 기계적으로 답을 얻을 수 있도록 모든 수학을 공리화 하였다. 23개의 미해결 문제들을 제시하였고 그 문제 중 몇 개는 아직도 미해결 상태로 남아있다. 20세기의 수학은 매 20년마다 수학적 지식의 축적량이 배가된다고 한다. 현재 우리가 알고 있는 수학의 90% 이상이 20세기에 만들어진 것이다. 이로 인하여 새로운 이론들의 상대적 중요도에 대한 정확한 평가가 거의 불가능하게 된 것이다. 힐버트는 괴팅겐대학교의 원동력이었으며 기라성같은 위대한 동료들과 함께 괴팅겐대학을 수학의 메카로 이끌었으며, 히틀러의 탄압으로

데이비드 힐버트(1937)

많은 수학자들이 미국으로 이민을 갔으나 1943년 마지막까지 괴팅겐대학을 지켰다.

르베끄(Henri Lebesgue, 1875-1941)는 1902년에 르베끄 적분을 발표하여 해석학의 추상화를 이루게 하였는데, 이러한 연구는 해석학을 대수학과 위상수학으로 연결하는 동기가 되었다.

7. 현대 수학

수학의 발전형태가 그 시대의 자연과학과 사회과학의 필요성에 따르고 있지만, 20세기의 인류에게 가장 큰 효력을 발휘한 수학은 응용수학으로서 컴퓨터의 발견이라 하겠다. 폰 노이만(John Von Neumann, 1903-1957)은 최초로 전자식 컴퓨터를 만들었고, 양자역학 이론의 개발에 영향을 주었으며, 경제학과 심리학 등 많은 분야에 응용되는 게임이론을 만들었다. 또한 원자폭탄과 수소폭탄의 개발과 일기예보에 관한 이론적 기여도 하였다.

컴퓨터의 발전으로 많은 변수의 많은 연산이 빠른 속도로 처리가능하므로써 자연과학, 사회과학 그리고 우리의 일상생활에서 일어나는 문제의 해결방식이 달라지게 되었고 문제의 사고방식을 근본적으로 바꾸어 놓게 되었다. 컴퓨터는 학문의 전 분야에서 연구하고 교육 하는데 꼭 필요 하게 되었으며, 수학 자체의 학문에서도 수치해석학, 암호학 등의 새로운 분야를 만들었다.

고대 그리스의 지적인 면을 좋아하여 연구 하던 초기 수학자들의 연구는 세계를 제패 하던 국가들의 국력을 따라 그 발전이 옮겨가며 사회의 요구에 의해 수학의 연구가 이루어지고 또한 그 연구가 사회의 발전을 가져오게 된 것을 볼 수 있다. 17세기 이후 유럽의 국가들이 그들의 국력을 과시 하던 그 시기에, 유럽의 수학자들은 순수수학의 연구를 실용화와 추상화를 거듭하며 발전 시켜 왔으나, 20세기 초반에 접어들면서 많은 유대인 수학자 들은 박해로 죽어 가거나 미국으로 이주한 것을 볼 수 있다. 때를 맞추어 미국의 석탄, 석유, 철강을 휘어잡고 있던 금융사업자 록펠러는 '과학을 육성하지 않는 나라는 장래가 없다'는 과학 혁명의 정신을 불러일으키며 1920년대 중반에 1900만 달러의 기금을 내 놓았다. '마호메트를 산으로 보낼게 아니라 산을 이곳으로'하는 정신으로 미국대학 세 곳을 선정하여 지원하였는데 프린스턴 대학에는 고등학문연구소를 설립하고 이 당시의 거장인 아인슈타인, 폰 노이만, 헤르만 바일, 유진 위그너 등을 모시고 거액의 연봉을 받는 연구교수직 5개를 만들었다. 미국의 국력이 강해지면서 유럽뿐 아니라 아시아의 많은 수학자들도 미국의 대학으로 모이게 되었고, 20세기 초기에는 몇 명에 불과 하던 미국의 수학자들이 현재는 수만 명에 이른다고 한다. 또한 컴퓨터의 사용과 함께 수학자들이 학문뿐 아니라 기술, 산업, 정부 관련의 다양한 분야에 까지 필요에 의해 진출 하고 있는 것을 볼 수 있다. 기초학문으로서의 수학이 고차원적이며 추상적인 이론들로 현재 우리의 삶과 너무나도 멀리 떨어져 있는 것같이 느껴지게 하지만, 수학의 역사를 더듬어 보면 그 발전이 사회와 밀접한 관계를 가지고 있었음을 볼 수가 있다. 사회의 필요에 의해 수학이 연구 되었고 그 연구가 사회의 발전을 가져오는 순환현상을 볼 때, 기초학문으로서의 수학을 기피하는 현상이 바뀌어져야 한다고 생각 한다.

15

보이지 않는 수학

생활 속에는 우리가 알게 모르게 수학의 원리와 이론이 사용되어 지고 있다. 15장에서는 보이지 않게 사용되어 지고 있는 수학을 몇 가지 소개 한다. 이 장에 소개하는 내용은 안 재구선생님이 쓰시고 일월서각에서 출판한 '생활에서 수학을 이해하는 책'에서 옮겨온 것이다.

1. 무엇 때문에 때로는 근사값만 구하는가?

누가 만일 "올해 몇 살이냐?" 라고 묻는다면 학생은 "15살 이예요." 라고 대답할 것이다. 이 대답은 맞다. 그러나 이 15는 학생 나이의 근사값으로서 완전히 정확한 것은 아니다. 가령 학생의 친구도 15살이라고 하자. 둘의 나이를 비교하려면 어느 달에 태어났는가를 알아야 한다. 즉 자기의 나이가 15살 3개월이라는 것을 말해야 비교 할 수 있다. 그러나 이 나이 $15\frac{1}{4}$살도 역시 근사값이다. 가령 둘이 모두 10월 달에 태어났다고 하자. 이때에는 생일날까지 정확히 알아야 한다. 15살 몇 개월 며칠이라는 것까지 알아야 누가 더 형이라는 것을 말할 수 있다. 가령 쌍둥이 자매라고 하자. 그러면 언니의 나이는 동생보다 몇 시간은 몇 십분 더 먼저이기 때문에 그들의 나이를 비교하려면 몇 살 몇 달 며칠 몇 시간은 몇 십분 더 먼저이기 때문에 그들의 나이를 비교하려면 몇 살 몇 달

며칠 몇 시간 몇 분이라는 것까지 정확히 말하지 않으면 안 된다.

다 알다시피 1분을 60초로 나누어 놓을 수 있고 1초를 또 $\frac{1}{100}$초, $\frac{1}{1000}$초 나아가서는 무한히 나누어 갈 수 있다. 그러나 우리의 나이는 그렇게까지 정확할 필요는 없고 그저 근사값 몇 살이라고만 하면 된다.

그렇지만 많은 과학 문제에서는 시간을 매우 정확하게 밝혀야 한다. 라디오에서 시간마다 '째깍 째깍 째깍 … 땡' 하며 시간을 알리는 신호는 정확한 시간과 천분의 몇 초 밖에 틀리지 않는다. 먼 바다에서 항해하는 선박은 이 신호에 의하여 자체의 위치를 확정한다.

원자물리학에서 제기되는 '초중립자'의 수명은 그야말로 짧아서 몇 개의 10^{-20}초 밖에 안 된다. 물론 이 '초중립자'의 나이를 밝히려면 적어도 10^{-20}초까지는 정확해야 한다. 그러므로 우리가 늘 말하고 있는 시각은 모두 근사값이다. 그런 근사값 가운데서 어떤 것은 더 정확하고 어떤 것은 덜 정확하다. 그렇다면 대체 어느 정도 정확해야 하겠는가? 이는 실제 필요에 따라 정해야 한다. 사람의 나이는 몇 초까지 정확히 밝힐 필요는 없다. 그러나 '초중립자'의 연령은 초까지의 정확도를 가지고는 진정한 수명을 측정할 수 없다.

그러므로 여러 가지 문제에서 양의 정확도는 각기 다르게 선택된다. 길이의 단위를 놓고 말할 때 천을 잴 때에 필요한 길이의 정확도와 도로를 잴 때에 필요한 길이의 정확도가 같을 수 있겠는가?

2. 0.1과 0.10이 같은가?

정확한 소수만 배울 때라면 이 문제는 더 말할 필요가 없다.

$0.1=\frac{1}{10}$, $0.10=\frac{10}{100}$, $\frac{10}{100}$을 약분하면 $\frac{1}{10}$.

그러므로 이 두 수의 값은 완전히 같다. 일반적으로 말하면 0.10과 같이 쓰는 것은 가장 간단한 분수를 쓰는 방법이 아니기 때문에 마지막 영은 쓸 필요가 없다. 그러나 근사 소수를 배우게 되면 상황이 달라진다.

근사소수가 표시하는 것은 실제상에서는 한 수의 값의 범위이다. 근사소수를 될 수록 정확히 하기 위해서는 그 수의 값의 범위를 될 수록 작게 해야 한다.

반올림(사사오입 四捨五入)으로 근사값을 취할 때 소수 0.1은 0.05에서 위 자리에 1을 올려서 얻은 것(5입)일 수도 있고 0.14에서 끊어 버린 것(4사)일 수도 있다. 그러므로 근사소수 0.1은 그 정확한 값이 0.05보다 크거나 0.05와 같은 한계에서부터 0.15보다 작은 한계 사이에 있다는 것을 나타내고 있다. 만약 x로 그 정확한 값을 표시 한다면

$$0.05 \le x < 0.15$$

0.10은 어떻게 되겠는가? 이 근사소수 역시 0.095에서 반올림하여 얻은 것일 수도 있고 0.1049에서 끊어버린 것일 수도 있다. 그 정확한 값을 x로 표시한다면

$$0.095 \le x < 0.105$$

그 정확한 값의 범위는 0.1의 정확한 값의 범위보다 훨씬 작다.

수직선에서 보아도 0.10이 나타내는 수치의 범위가 작고 0.1이

나타내는 수치의 범위가 크다.

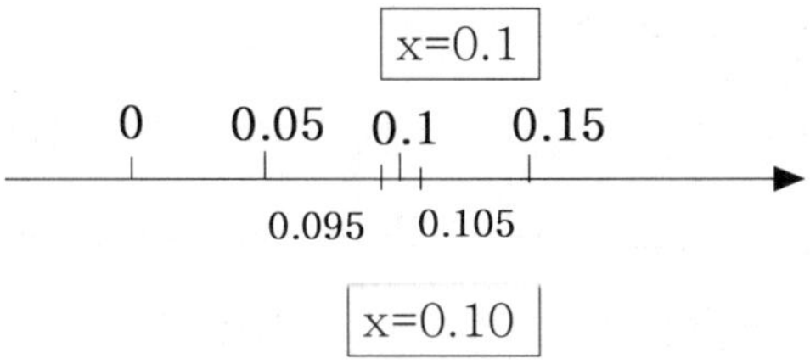

그러므로 근사소수에서는 0.1과 0.10이 같지 않다.

정확한 소수를 취급할 때는 0.1을 마지막 0이 군더더기이기 때문에 0.1로 써야 한다.

근사소수를 취급할 때는 0.10의 마지막 0이 매우 중요하기 때문에 버려서는 안 된다.

3. 어째서 1과 0으로 스위치와 전등의 관계를 표시할 수 있는가?

충계에 전등을 가설할 때는 일반적으로 위층과 아래층에 양용 스위치를 하나씩 단다. 이렇게 하면 아래층에서 전등을 켜놓고 위층에 올라와서 그 전등을 끌 수 있고 마찬가지로 위층에서 전등을 켜놓고 아래층에서 내려가서 그 전등을 끌 수 있다.

양용 스위치는 아래 위에 두 개의 연접점을 가지고 있다. 스위치를 올리면 전선이 위 연접점과 이어지고 스위치를 내리면 전선이 아래 연접점과 이어진다.

아래 위층 두 스위치의 위 연접점을 전선으로 이어 놓은 것을 상선이라 하고 두 스위치의 아래 연접점을 이어 놓은 것을 하선이라 한다. 층계의 스위치는 바로 이렇게 가설한다.

두 스위치를 다 올렸을 때는 전기가 상선을 통하므로 전등이 켜지고 두 스위치를 다 내렸을 때는 전기가 하선을 통하므로 역시 전등이 켜진다. 만일 스위치를 하나는 올리고 하나는 내리면 상선에 전기가 통하지 않고 하선에도 전기가 통하지 않기 때문에 전등이 켜지지 않는다.

전등이 꺼졌을 때는 언제나 한 스위치는 올려져 있고 다른 한 스위치는 내려져 있다. 그러므로 위층이나 아래층에서 스위치를 어느 한쪽으로 밀어 놓으면 두 스위치가 동시에 올려지거나 내려지기 때문에 전등이 켜진다. 이때 스위치가 원래대로 하나는 올려지고 하나는 내려지기 때문에 전등이 꺼진다. 그러므로 스위치를 두 개 사용할 때처럼 편리하다.

수학자들은 이런 현상을 보고 숫자로 여러 가지 경우를 나타내었다. 예를 들면 회로에 전기가 통할 때를 1로 표시하고 전기가 통하지 않을 때를 0으로 표시하였으며 전등이 켜질 때를 1로 표시하고 꺼질 때를 0으로 표시하였다.

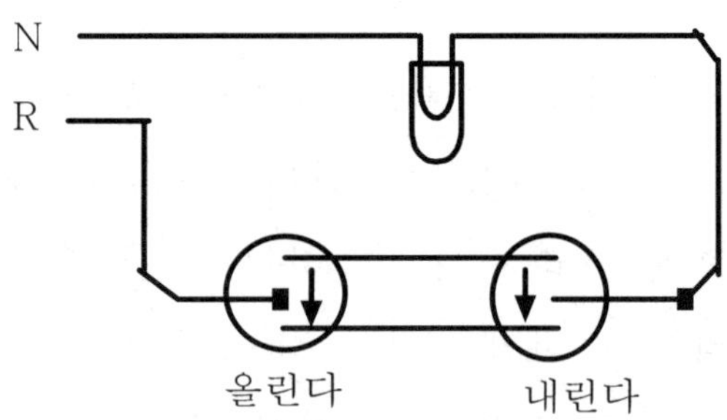

그림 15-1

아래층 스위치의 이런 현상을 보고 숫자로 여러 가지 경우를 나타내었다. 예를 들면 회로에 전기가 통할 때를 1로 표시하고 전기가 통하지 않을 때를 0으로 표시하였으며 전등이 켜질 때를 1로 표시하고 꺼질 때를

0으로 표시하였다.

아래층 스위치의 위 연접점을 $x_{상}$으로 표시하자. 그리고 $x_{상}=1$로 위 연접점에 전기가 통할 때, 즉 아래층 스위치를 올렸을 때를 표시하고 $x_{상}=0$으로 위 연접점에 전기가 통하지 않을 때 즉 아래층 스위치를 내렸을 때를 표시하자. 마찬가지로 $x_{하}$로 아래층 스위치의 아래 연접점을 표시하고 $y_{상}$과 $y_{하}$로 위층 스위치의 위 연접점과 아래 연접점을 표시하자.

그러면 스위치와 전등 z의 관계를 다음과 같이 표시할 수 있다.

$$z = x_{상} \cdot y_{상} + x_{하} \cdot y_{하}$$

이것을 표로 작성하면 다음 쪽과 같다.

앞에서 말한 바와 같이 수학자들은 층계에 가설한 스위치의 여러 가지 경우를 수학식을 통해서 아주 교묘하게 0과 1 두 수의 덧셈과 곱셈으로 고쳤을 뿐 아니라 재미있는 논리적 관계로도 짰다. 여러분은 일상적으로 사용하고 있는 층계의 스위치가 수학과 긴밀히 연계되어 있으리라고 생각을 해 본 적이 있는가?

	동 작	$x_{상}$	$x_{하}$	$y_{상}$	$y_{하}$	z	결 과
1	아래 위층 스위치를 동시에 올린다.	1	0	1	0	1	전등이 켜진다.
2	아래 위층 스위치를 동시에 내린다.	0	1	0	1	1	전등이 켜진다.
3	아래층 스위치를 올리고 위층 스위치를 내린다.	1	0	0	1	0	전등이 꺼진다.
4	아래층 스위치를 내리고 위층 스위치를 올린다.	0	1	1	0	0	전등이 꺼진다.

4. 축척이란 어떤 것인가?

지도마다 한쪽 모퉁이에 '범례'와 '축척'이 표기되어 있다. 이를테면 아시아 주 지도에 '1 : 58,000,000'와 0부터 1200km까지의 척도가 표기되어 있다. 이것이 곧 '축척'이다. 여기에서 1 : 58,000,000은 지도의 크기와 실제 지면의 크기의 비를 말한다. 즉 지도에서 두 점 사이의 거리가 1cm라면 그 두 점 사이의 실제 거리는 58,000,000cm, 즉 580km라는 것을 말한다.

이 비의 앞항은 언제나 1이고 뒤 항은 축소한 배수이다. 예를 들면 1 : 58,000,000은 지도에서 실제 크기를 $\frac{1}{58000000}$로 축소했다는 것을 말한다. 지도에서 이와 같이 축소한 비를 밝혀 놓았는데 밑에 표기한 숫자는 무엇에 쓰는가?

그 척도를 지도에 있는 두 점 사이에 대면 계산하지 않고도 그 두 점 사이의 실제 거리를 알 수 있다. 가령 두꺼운 종이에 축척을 그려서 지도에 있는 두 점 사이에 대면 계산하지 않고도 축척에서 그 실제 거리를 직접 알 수 있다.

건축 설계에서나 공장의 기계부속 설계도에도 축소했거나 확대한 비가 표기되어 있는데 그것도 습관적으로 축척이라고 부른다. 가령 기계 부속품 설계도에 1 : 1이라고 표기하였다면 도면에 그린 크기가 실제의 크기와 같다는 것을 의미하고 1 : 2라고 표기하였다면 도면에 그린 크기가 실제의 크기보다 $\frac{1}{2}$로 줄였다는 것, 즉 실제의 크기는 도면에 그린 것의 2배라는 것을 의미한다.

기계부속품 설계도에서는 일반적으로 축척을 1 : 1, 1 : 2, 1 :

5, 1 : 10, 1 : 20, 1 : 30, 1 : 50, 1 : 100 등으로 하고 건축 설계도에서는 계산의 편리를 위하여 축척을 일반적으로 1 : 100, 1 : 200, 1 : 400, 1 : 500, 1 : 1000 등으로 한다. 어떤 설계도에서는 원래 실물보다 크게 그리기도 한다. 특히 매우 작고 정밀한 부속품의 설계도에서는 축척을 대개 3 : 1, 5 : 1, 10 : 1, 20 : 1, 50 : 1 등으로 한다.

축척에서 비의 앞항이 1일 때는 도형이 실물보다 확대되었다는 것을 나타내고 비의 뒤항이 1일 때는 도형이 실물보다 축소되었다는 것을 나타내며 비의 앞 뒤항이 모두 1일 때는 도형이 실물과 같다는 것을 나타낸다.

제도 기구에는 일일이 계산하면서 그리는 것을 피하기 위해 만든 세모자라는 자가 있는데 이 자의 세 개 면의 6개의 변에는 고정된 축척이 새겨져 있다. 세모자에서 1 : 1로 표기된 변에 새긴 길이는 곧 실제 길이이고 1 : 2로 표기된 변에 새긴 길이는 실제 길이의 2배이다. 만일 이 변으로 그리면 실제 길이를 $\frac{1}{2}$로 축소한 도형이 그려진다.

이밖에 또 대각선자라는 것도 있다. 아래의 것은 1 : 100의 대각선자이다. 그림에서 1cm 길이의 선분을 1m로 표기하였기 때문에 실제의 길이가 1m인 선분을 이 자로 그리면 도형의 선분은 1cm로 된다. 대각선자는 자의 왼쪽 부분으로 더 짧은 선분까지도 잴 수 있는 특성을 가지고 있다. 그림과 같은 대각선자로는 0.01m까지 갈 수 있다.

가령 4.56m 길이를 짧은 선분으로 축소시켜 긋는다고 하자. 저 자의 왼쪽부분에서 0.06이 표기된 가로 선을 찾고 이 가로 선과

사귀는 여러 빗금(빗금 사이의 간격은 0.1이다) 가운데 0.5로 표기한 빗금과 가로 선이 만나는 곳(c)을 찾는다. 그러면 c와 d를 맺는 선분의 길이가 곧 4.56m와 같다. $ef=3.29$도 이 와 같이 찾는다.

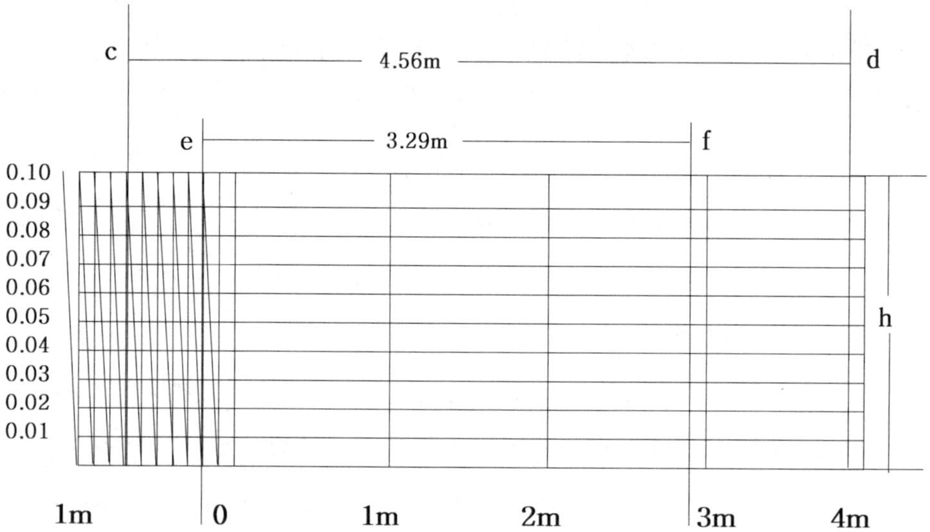

그림 15-2

이와 같이 선분의 길이를 찾아서 그리면 정확하면서도 매우 편리하다. 여러분들이 대각선자에서 5.34m와 7.18m를 찾아보아라. 만일 이런 대각선자를 여러분이 만들 수 있다면 대각선자에 대한 지식을 기본적으로 습득했다고 할 수 있을 것이다.

5. 수레바퀴는 왜 둥글게 만드는가?

수레바퀴는 왜 둥글게 만드는가? 이 물음에 대하여 여러분은 이렇게 대답할 수도 있을 것이다. 거기에 무슨 다른 원인이 있는가, 바퀴가 둥글어야 슬슬 잘 돌아가지 않는가, 그래 정사각형이나 또는 삼각형으로 되어 있는 수레바퀴를 보았는가?

이 말도 틀린 것은 아니다. 하지만 설득력이 적다. 그것은 원의 성질에서 근본적인 원인을 찾는 것이 아니라 단지 자기의 감각과 체험에서 한 말이기 때문이다.

그렇다면 원은 어떤 중요한 성질을 가지고 있는가?

먼저 아래에 그린 원을 보기로 하자. 바깥 동그라미를 원의 둘레라 하고 원을 그릴 때 컴퍼스의 침을 박은 점(잘 보이게 하기 위하여 검은 점으로 표시하였다)을 원의 중심이라고 한다. 원의 둘레 위에 있는 임의의 한 점에서 원의 중심까지의 거리를 자로 재어 보면 그 거리는 같다. 이 거리를 반지름이라고 한다. 이것이 곧 원의 중요한 성질이다.

수레바퀴를 둥글게 만들고 수레 축을 원의 중심에 장치하면 바퀴가 지면에 구를 때 축과 지면의 거리는 언제나 바퀴의 반지름과 같게 일정하다. 그러므로 수레가 갈 때 타고 있는 사람은 들썩거리지 않는다. 가령 수레바퀴가 찌그러져서 테두리가 울퉁불퉁 하면, 즉 테두리에서 중심까지의 거리가 고르지 않으면 타고 있는 사람은 들썩거려 배겨나기 어려울 것이다.

수레바퀴를 둥글게 하는 데는 또 다른 원인도 있다. 같은 물건이라도 땅 위에 굴리는 것이 끄는 것보다 힘이 덜 든다. 그것은 회전 마찰력이 미끄럼 마찰력보다 작기 때문이다.

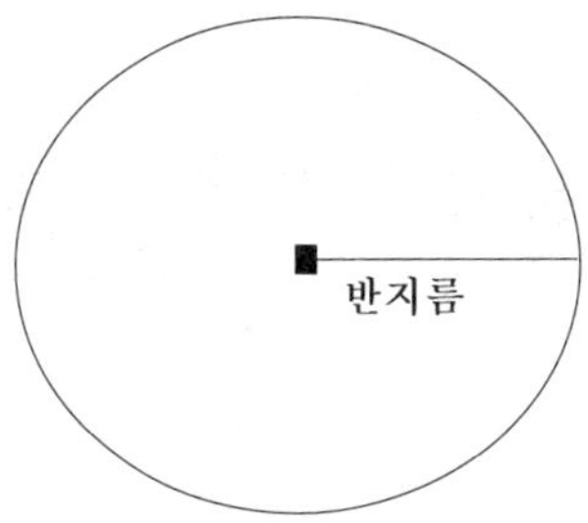

그림 15-3

이제 원을 그릴 때 무엇 때문에 컴퍼스

를 사용하는 가를 알았을 것이다. 컴퍼스의 두 다리를 벌리면 그 두 다리 사이의 거리가 변하지 않는다.

사람들은 언제 이 원의 성질을 알았을까? 사람들이 원을 알게 된 역사는 퍽 오래된다. 처음에는 대자연에서 깨닫게 되었다. 보라, 하늘에 뜬 해나 보름달이 얼마나 둥근가! 여기에서 사람들은 원의 형상을 얻게 되었다. 이때부터 원을 그리기 시작하였다. 그러나 미끈한 원을 그리기는 쉬운 일이 아니다.

원을 그리는 이러한 실천 가운데서 한 원의 반지름이 다 같다는 특성을 알게 되면서부터 컴퍼스로 원을 그리는 것을 발명하게 되었다. 중국에서 대략 2000년 이전에 벌써 미끈한 월을 그릴 수 있었다. 이것은 "아무리 재간 있는 목수나 대장이라도 규(規)와 구(矩)를 쓰지 않고서는 방형(方形)과 원형(圓形)의 물건을 만들어 내지 못할 것이다." 라고 한 맹자(孟子)의 말을 미루어 알 수 있는 것이다. 여기에서 말하는 규와 구는 원과 정사각형을 그리는 데 쓰는 도구를 가리키는데 오늘날 우리가 사용하고 있는 컴퍼스, 직각자와 대체로 같은 것이다.

실제로 땅에서 파낸 고대 실물들이 옛 사람들이 원을 그릴 수 있었을 뿐 아니라 여러 가지 기묘한 원형 기구와 장식품도 만들 수 있었다는 것을 여실히 증명하고 있다.

6. 무엇 때문에 두 구에서의 간격이 같은가?

한번은 수학 선생님이 학생들에게 다음과 같은 문제를 내었다.

"지구 허리에 테를 빳빳하게 씌우고 조그만 한 축구공의 허리에도 테를 빳빳하게 씌운다고 하자. 그런데 테를 만들 때 부주의해서 둘 다 길이(둘레의 길이)를 1m 더 길게 하였다. 그 테를 지구와 축구공에 씌웠을 때 어느 쪽에서 생긴 간격이 더 크겠는가? 즉 지구에서 생긴 간격이 더 크겠는가 아니면 축구공에서 생긴 간격이 더 크겠는가?"

선생님은 문제를 다 내고 "빨리 대답하겠다고 너무 성급하게 서둘지 말아요. 잘 생각하지 않았다간 틀리기 쉬우니까요."라고 덧붙여 말하였다.

그런데도 적지 않은 학생들은 "축구공에서 생긴 간격이 크지요!"하고 대답하였다. 선생님은 빙그레 웃으면서 한 학생에게 왜 그런가라고 물었다. 그 학생은 이렇게 대답하였다.

"그것은 뻔한 일 아닙니까? 지구는 반경이 엄청나게 크고 적도를 도는 둘레의 길이도 엄청나게 길기에 길이에 1m쯤 늘어난 것은 실제는 늘어나지 않은 거나 다름없습니다. 그런데 쪼그만 한 축구공은 둘레의 길이가 1m도 못됩니다. 거기에다 1m나 더 늘여서 테를 만들었으니 그 테는 틀림없이 그 테 안에서 왔다 갔다 할 것입니다."

이때 아무 말도 없고 잠자코 앉아서 듣기만 하고 있던 한 학생이 "아닙니다, 간격이 똑같습니다! …" 하고 침착한 목소리로 말하였다. 선생님은 그 학생의 대답에 완전히 동의하였다.

그 학생은 대답하기 전에 속으로 간단한 계산을 하였던 것 이다.

지구의 둘레의 길이를 L이라 하고 축구공의 둘레의 길이를 l이라 하자. 둘레의 길이를 1m 더 늘여서 만든 두 테의 지름은 각각

$\frac{L+1}{\pi}$과 $\frac{l+1}{\pi}$이다. 테의 지름과 구의 지름의 차가 곧 간격이다. 이제 계산해 보자.

지구에서의 간격은

$$\frac{L+1}{\pi}-\frac{L}{\pi}=\frac{L+1-L}{\pi}=\frac{1}{\pi}$$

축구공에서의 간격

$$\frac{l+1}{\pi}-\frac{l}{\pi}=\frac{l+1-l}{\pi}=\frac{1}{\pi}$$

보다시피 완전히 같지 않는가?

7. 무엇 때문에 휘발유 통이나 보온병은 원기둥 모양으로 만들었는가?

휘발유 통이나 보온병 등은 액체를 담는 용기이다. 액체를 담는 용기들은 대부분 원기둥 모양으로 되어 있다는 데 대해 평소에 주의한 적이 있는가? 여기에 어떤 수학적 이치가 없는가? 있다.

용기를 만들 때는 언제나 재료를 적게 들이고도 많은 양의 액체를 담을 수 있도록 하려 한다. 다시 말하면 같은 재료로 용적이 제일 큰 용기를 만들려고 한다.

우리는 평면기하에서 원의 면적과 일부 정다각형의 면적 그리고 둘레의 길이를 구하는 방법을 배웠다. 면적이 $100cm^2$인 정사각형의 둘레의 길이는 40cm이고 같은 면적인 정사각형의 둘레의 길이는 45.6cm이다.

그렇지만 같은 면적인 원의 둘레의 길이는 약 35.4cm 밖에 안 된다. 다시 말하면 넓이가 같은 원, 정사각형, 정삼각형 등 도형에서 정삼각형의 둘레의 길이가 가장 길고 정사각형의 둘레의 길이가 중간이고 원의 둘레의 길이가 가장 짧다.

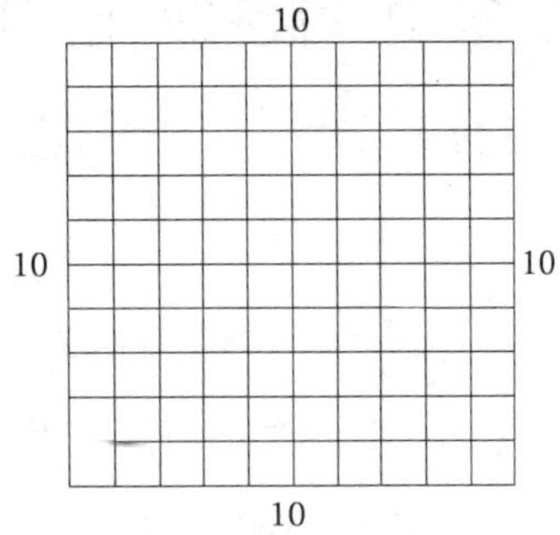

그림 15-4

그러므로 같은 양의 액체를 담을 수 있고 높이가 같은 용기들 가운데서 원기둥모양의 용기가 그 측면에 드는 재료가 가장 적다. 그래서 휘발유 통이나 보온병 등 액체를 담는 용기는 대부분이 원기둥 모양으로 되어 있다.

원기둥 모양보다 재료가 더 적게 드는 모양은 없겠는가? 있다. 수학적 원리에서 보면 같은 재료로 만든 용기들 가운데 구 모양의 용기의 용적이 원기둥 모양의 용기 보다 더 크다. 즉 구 모양의 용기를 만들면 재료가 더욱 절약된다. 그러나 구 모양의 용기는 잘 구르기 때문에 불안정하며 덮개도 만들기 어렵다. 그러므로 구 모양의 용기는 실용적이지 못하다.

함, 상자, 궤 등과 같이 고체를 넣는 용기는 무엇 때문에 원기둥 모양으로 만들지 않는가? 원기둥 모양의 용기를 만들면 재료는 비록 적게 들지만 고체와 같은 물건을 넣기에는 적당하지 않기 때문에 고체를 넣는 용기는 일반적으로 직육면체 모양으로 만든다.

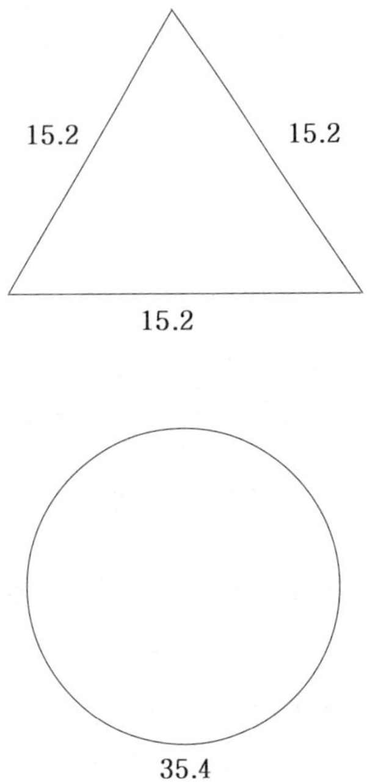

그림 15-5

8. 무엇 때문에 원기둥 모양의 암모니아수 저장고는 밑면의 지름을 높이와 같게 해야 하는가?

한 공장에서 15000근의 암모니아수를 저장할 수 있는 원기둥 모양의 덮개가 있는 저장고를 만들려고 한다.

이 저장고의 밑면의 반지름을 r, 높이를 h라고 하자. 저장고의 아래 위의 밑면의 넓이와 옆넓이의 합은

$$S=2\pi r^2+2\pi rh$$

이다. 이제 어떤 모양으로 만들면 재료가 제일 많이 절약되겠는가를 생각해 보자. 즉 r과 h가 어떤 값을 취할 때 재료가 가장 많이 절약되겠는가? 다시 말하면 S가 가장 적어지겠는가?

만들려고 하는 저장고는 부피가 고정되었다. 그 부피를 V로 나타내면

$$\pi r^2h=V \qquad (1)$$

그리고

$$\begin{aligned} S &= 2\pi(r^2+rh)=2\pi(r^2+\frac{V}{\pi r}) \\ &= 2\pi(r^2+\frac{V}{2\pi r}+\frac{V}{2\pi r}) \end{aligned}$$

괄호 안에 있는 세 항은 모두 0보다 큰 수이다. 알다시피 세 항의 곱이 일정한 값일 때 그것들의 합이 가장 작게 되려면 세항이 같아야 한다. 여기에서 $r^2\cdot\frac{V}{2\pi r}\cdot\frac{V}{2\pi r}=\frac{V^2}{4\pi^2}$은 일정한 값이다. 그러므로 $r^2=\frac{V}{2\pi r}$일 때 S가 가장 작아진다. 이것을 (1)식에 대입하면

$$h=2r$$

이로부터 암모니아 수 저장고를 만들 때 지름을 높이와 같게 하면 재료가 가장 많이 절약된다는 것을 알 수 있다.

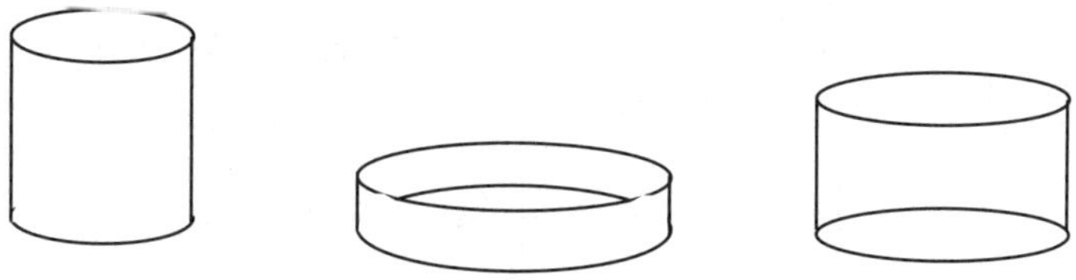

$2r <$　　　　$2r >$　　　　$r =$

그림 15 6

암모니아수의 비중은 0.925 t/m^{3}이다. 그러므로

$$0.925\pi r^2 h=7.5$$

$h=2r$을 대입하고 풀면 $r≒1.1$m, $h≒2.2$m.

암모니아 수 저장고는 덮개가 있다. 만일 덮개가 없는 원기둥 모양의 거름 구덩이를 만든다고 하자. 재료를 가장 많이 절약하려면 구덩이의 깊이와 반지름의 관계를 어떻게 해야 하겠는가? 덮개가 있는 것을 만들 때처럼 계산해야 하겠는가? 여러분 스스로 생각해 보아라.

9. 네 귀에 있는 큰 나무를 뽑지 않고도 여전히 정사각형이 되게 못을 한 배 더 늘일 수 없겠는가?

정사각형의 못이 있는데 네 귀에는 큰 나무가 한 그루씩 서 있다. 지금 여전히 정사각형이 되게 한 배 늘여 양어장을 만들려고 하는데

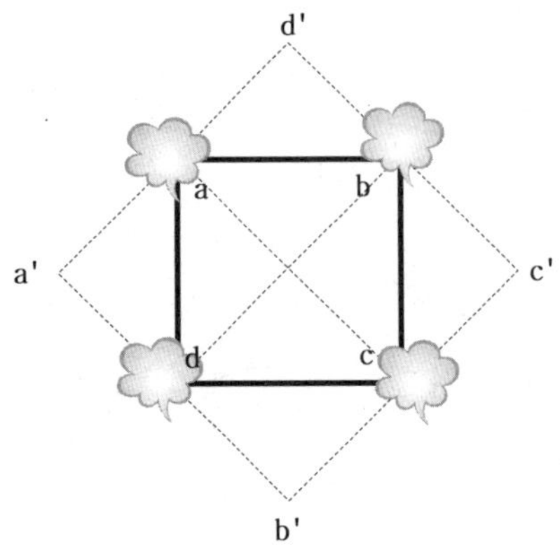

그림 15-7

네 귀에 있는 나무를 뽑지 않고 그 나무들이 물에 잠기지 않게 하려고 한다. 어떻게 해야 하겠는가? 이 문제는 생각건대 어려울 것 같지는 않다. 그렇지만 머리를 잘 써서 점선 $a'b'c'd'$에 따라 파기만 하면 못의 면적 한 배 늘어나면서도 못의 모양은 여전히 정사각형이고 나무도 뽑지 않아도 된다. 왜 그런가? 증명할 수 있겠는가?

마주선 나무를 연결하면 두 선분 ac와 bd가 얻어지는데 이것들은 원래의 못 $abcd$의 대각선이다. a점과 c점에서 bd에 평행 되는 선분 $a'd'$와 $d'c'$를 긋는다. ac가 bd에 수직되기 때문에 $a'd'$와 $b'c'$도 $a'b'$와 $c'd'$에 수직된다. 그러므로 새 정사각형은 네 변은 낡은 정사각형의 두 대각선과 같으며 따라서 그 네 변도 같다. 이리하여 $a'b'c'd'$는 곧 정사각형이다.

새 정사각형은 또 ac와 bd에 의하여 4개의 정사각형으로 갈라지고 이 4개의 작은 정사각형은 절반은 낡은 정사각형 $abcd$와 같으며 다른 절반은 새로 파낸 것이다. 그러므로 새 정사각형의 면적은 바로 낡은 정사각형의 넓이의 2배이다.

10. 무엇 때문에 목화를 정삼각형으로 심으면 포기 수가 가장 많아지는가?

만길이는 한 변이 9자 9치인 정사각형 모양의 목화 시험밭을

맡고 있다. 일반적인 경험에서 보면 포기 사이의 거리와 이랑 사이의 거리를 모두 1자로 하면 수확량이 가장 많다. 이 시험밭에다 옛날처럼 한 이랑에 10포기씩 10이랑밖에 심지 못하기 때문에 모두 100포기를 심게 된다. 그러면 포기 사이의 거리가 1자이고 10포기 사이에 이런 간격이 9개 있기 때문에 한 이랑의 길이가 9자밖에 안된다. 즉 한 변이 9자인 정사각형 안에만 심게 되어 각 변에 4치 5푼씩 남게 된다.

만길이는 네 변두리에 남는 땅이 매우 아까웠다. 그는 포기 사이의 거리와 이랑 사이의 거리를 모두 1자로 하면서 대각선 방향으로 심으려고 하였다. 이때는 네 변에다 8포기밖에 심지 못한다. 각 가로 줄(또는 새로 줄)에서의 포기 사이의 거리는 구고정리(피타고라스 정리)에 의하여 $\sqrt{1^2+1^2}=1.414$(자)이다. 8포기 사이에 이런 간격이 7개 있기 때문에 각 변의 길이는

$$7\times1.414=9.898(\text{자})$$

이다.

보는 바와 같이 대각선 방향으로 심으면 별로 낭비되는 땅이 없이 몽땅 심게 된다. 헤아려 보면 모두 113포기로서 지난번보다 13포기를 더 심을 수 있게 된다.

만길이는 이것도 만족하지 않았다. 그는 땅의 잠재력을 더욱 얻기 위하여 또 세 번째 파종 방법을 생각해 내었다. 삼각형으로 심되 한 이랑에는 여전히 10포기씩 심고 포기 사이의 거리는 그대로 1자씩 한다. 이렇게 하면 이랑사이의 거리는 짧아지지만 포기 사이의 거리는 변하지 않는다.

이때 이랑 사이의 거리는 한 변의 1자인 정삼각형의 높이이다.

즉

$$\sqrt{1^2-(\frac{1}{2})^2}=\sqrt{\frac{3}{4}}=0.866(자)$$

그러므로 원래대로 하면 10이랑 밖에는 심지 못하던 것을 12이랑을 심을 수 있게 되어 전체 시험밭에 120포기를 심게 된다. 이때는 좌우 방향으로 9개 반의 간격을 차지하게 되는데 각각의 간격이 1자이기 때문에 모두 9자 5치로서 아직도 나머지 땅이 있게 된다. 상하 방향에서는 모두 11개 간격이고 각각의 간격이 0.866자이기에 모두 $0.866\times11=9.526$(자)로서 역시 나머지 땅이 있게 된다. 이리하여 포기사이의 거리를 1자로 하는 요구에도 맞고 밭머리까지 다가 심지 않으면서도 20포기나 더 심게 된다.

11. 대칭도형을 좋아하는가?

겨울이면 함박눈이 펑펑 쏟아지는데 그 눈송이는 어느 것이나 모두다 육각형 모양의 결정체이다. 봄이면 또 꽃밭에서 갖가지 나비들이 쌍쌍이 춤을 추고 있는데 나비들의 쌍날개에는 아름답기 그지없는 꽃무늬가 있다. 육각형 모양의 눈송이나 나비 날개에 돋친 이름다운 무늬들은 자세히 살펴보면 어느 것이나 모두 대치되어 있다.

대칭도형은 자연계에만 있는 것이 아니라 인공적인 것도 있다. 사람들은 대자연을 개조하는 과정에서 가지각색으로 대칭도형을 쓴다. 중국의 천안문이나 천단 등과 같은 세계적으로 이름난 건축물들이 있는데 어느 것이나 모두 대칭도형으로 되어 있어 정말 웅장하고 아름답다.

'대칭'이란 무엇인가? '대칭'이란 이름 그대로 두 물건이나 두 도형의 위치가 반대 방향으로 놓여 있고 또 각 부분이 같은 것을 말한다. 우리는 기하에서 선대칭과 점대칭을 배웠다.

그러면 선대칭이란 어떤 것인가? 대칭축(그림에서 *DE*)의 한쪽에 있는 도형 *ABC*를 공간에 축을 둘러싸고 180° 돌리면 축의 다른 한쪽에 있는 도형 *A′B′C′*와 완전히 합쳐진다. 이런 도형을 선대칭 도형이라고 한다.

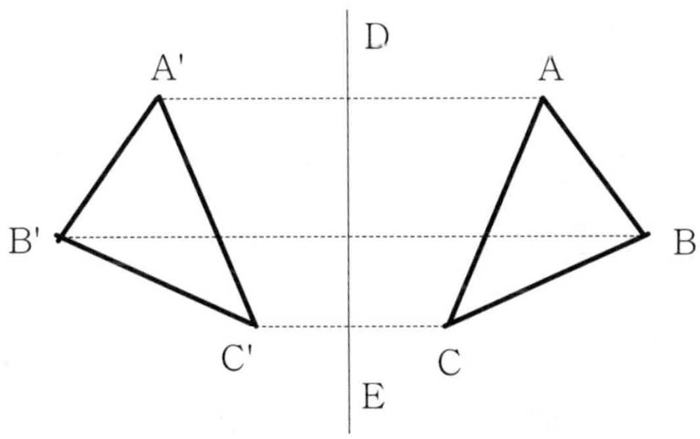

그림 15-8

점대칭 도형도 역시 마찬가지이다. 대칭점 *O*의 한쪽에 있는 도형 *ABCO*를 평면에서 대칭점을 둘러싸고 180° 돌리면 대칭점의 다른 한쪽에 있는 도형 *A′B′C′O′*와 완전히 합쳐진다.

만일 입체 모양의 물건이나 입체도형이라면 그 사이에 대칭평면이 있고 대칭평면의 양쪽에 있는 물건이나 도형의 대하고 있는 각 부분이 같으며 대칭평면에서 완전히 같은 거리에 있다. 이런 도형을 면대칭도형이라 한다.

거울에 물건을 비추었을 때 나타나는 현상이 아주 전형적인 면

대칭의 보기이다. 여기에서 거울이 대칭평면이다. 우리는 일상생활 가운데 대칭되어 있는 물건을 허다하게 보게 된다. 가령 사람의 두 손, 두 눈, 두 귀 등을 평면에 그렸다면 곧 선대칭 도형이 된다. 두 날개나 6개의 날개를 단 선풍기는 점대칭이다. 공원 정원의 양옆에 쭈그리고 앉아 있는 한 쌍의 돌사자는 면대칭이다.

합동이 되는 두 개의 도형은 곧 대칭도형이겠는가? 꼭 대칭도형이라고 말할 수 없다. 두 도형이 대칭인가를 판별하려면 그 두 도형이 축이나 점을 둘러싸고 180°를 돌렸을 때 완전히 합쳐지는 위치에 있는가를 보아야 한다.

180°를 돌렸을 때 완전히 합쳐지면 그 두 도형은 대칭도형이다. 그러므로 합동되는 도형이라 해서 꼭 대칭도형인 것은 아니다. 다음 쪽의 도형들에서 어느 것이 대칭도형인가를 판별하여라.

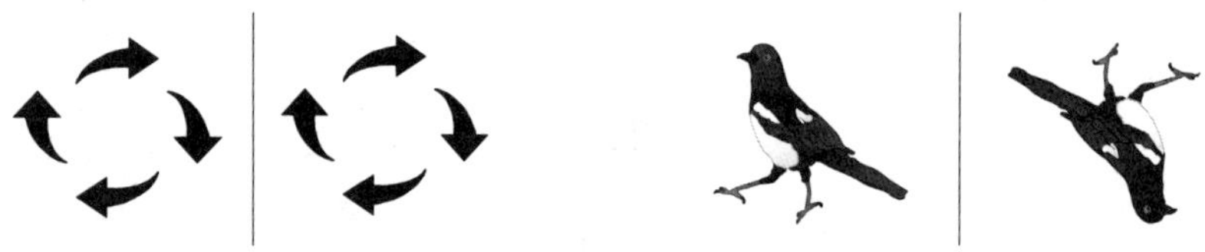

그림 15-9

수학에서의 대칭은 실제 생활에서 아주 널리 응용되고 있다. 화가들이 예술품을 창작하며 건축가들이 건축물을 설계하는 데서 뿐만 아니라 결정체(예를 들면 소금, 명반, 석고, 황산동 등)를 연구하는 전문가들도 대칭에 관한 이론을 응용하고 있다. 일반적으로 말하면 평면에서 대칭되는 도안이 17가지가 있고 공간에서 결정체의 각종 배열 형태가 230가지 있는데, 이것이 결정학에서 이름난

230개의 '공간군'이다. 대칭에 관한 이론은 고등대수의 '군론'에서 배우게 된다.

12. 못 가운데 서 있는 갈대의 키는 얼마인가?

명길이, 창호, 길자 셋이서 곤명호에서 보트 놀이를 하다가 못가 근처에서 윗초리를 수면에 드러내 놓고 있는 갈대를 발견하였다.

이 갈대는 얼마나 길까? 이곳의 물은 얼마나 깊을까? 명길이는 한참을 생각하다가 자를 꺼내어 수면에 드러난 윗초리를 재어보니 11cm였고 못 가에서 갈대가 서있는 곳까지 재어 보니 3m 1cm였다.

그는 또 갈대 초리를 못 가로 당겨보니 초리가 못 가에 바로 닿았다. 명길이는 너무나도 기뻐하며 갈대의 길이와 물의 깊이를 계산할 수 있다고 말하였다.

이 말을 듣자 창호와 길자는 어떻게 계산할 수 있는가 하고 의심쩍은 표정을 지으면서 물었다. 그러자 명길이는 이렇게 말하였다.

"우리 삼촌에게 「구장산술」이라는 책이 있다. 이 책은 한 나라 때 쓴 책으로 지금으로부터 약 2000년 전에 쓰여진 책이다. 그제께 삼촌은 내게 한 문제를 골라서 가르쳐 주었는데 그것이 바로 갈대의 길이를 계산하는 문제였다."

명길이는 이어서 문제를 말하였다.

이 문제는 「구장산술」에서 구고(勾股)에 관한 장의 여섯 번째 문제로 그 내용은 이렇다.

정사각형 모양의 못 한가운데에 갈대가 한 대 서 있다. 못의 각 변은 1자이고 수면에 나타난 갈대의 윗초리의 길이는 1자이다. 갈대 초리를 당겨오니 그 초리가 바로 못 가에 와 닿았다. 물의 깊이와 갈대의 길이는 각각 얼마인가?

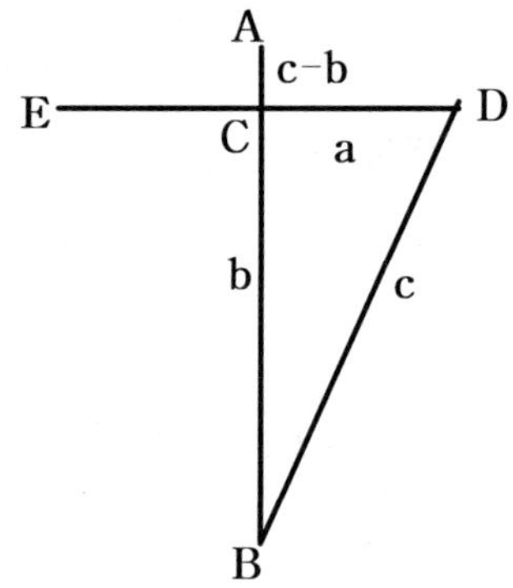

그림 15-10

못의 폭은 $ED=2a=10$자, C를 ED의 한가운데라고 하면 $DC=a=5$자이다. 못 가운데에 서있는 갈대가 AB이면 수면에 나타난 부분 $AC=1$자이고 $AB=BD$이다. $\triangle BDC$는 직각삼각형이다.

$BD=c$, $BC=b$라 하면

$$AC=AB-BC=c-b=1(\text{자})$$

이다. 즉 AC의 길이는 직각삼각형에서 빗변과 한 직각변의 차이다.

이리하여 이 문제는 직각삼각형에서 한 직각변의 길이, 빗변의 길이와 한 직각변의 차를 알고 다른 한 직각변의 길이와 빗변의 길이를 구하는 문제가 된다.

구고(勾股)정리로부터

$$a^2=c^2-b^2$$

그러면

$$\begin{aligned} a^2-(c-b)^2 &= c^2-b^2-(c-b)^2 \\ &= c^2-b^2-(c^2-2bc+b^2) \\ &= 2bc-2b^2=2b(c-b) \end{aligned}$$

따라서

$$b=\frac{a^2-(c-b)^2}{2(c-b)} \qquad (1)$$

$$c=b+(c-b) \qquad (2)$$

a의 수치와 $(c-b)$의 수치를 (1)에 대입하면 물의 깊이 $b=12$자를 얻을 수 있고 b의 수치와 $(c-b)$의 수치를 (2)식에 대입하번 갈대의 높이 $c=13$자를 얻을 수 있다.

1. 멱 · 근 · 역수

n	n^2	$\sqrt{n}$	$\sqrt{10n}$	n^3	$\sqrt[3]{n}$	$\sqrt[3]{10n}$	$\sqrt[3]{100n}$	$1/n$
1.0	1.00	1.00000	3.16228	1.000	1.00000	2.15443	4.64159	1.00000
1.1	1.21	1.04881	3.31662	1.331	1.03228	2.22398	4.79142	.90909
1.2	1.44	1.09545	3.46410	0.728	1.06266	2.28943	4.93242	.83333
1.3	1.69	1.14018	3.60555	2.197	1.09139	2.35133	5.06580	.76923
1.4	1.96	1.18322	3.74166	2.744	1.11869	2.41014	5.19249	.71429
1.5	2.25	1.22474	3.87298	3.375	1.14471	2.46621	5.31329	.66667
1.6	2.56	1.26491	4.00000	4.096	1.16961	2.51984	5.42884	.62500
1.7	2.89	1.30384	4.12311	4.913	1.19348	2.57128	5.53966	.58824
1.8	3.24	1.34164	4.24264	5.832	1.21644	2.62074	5.64622	.55556
1.9	3.61	1.37840	4.35890	6.859	1.23856	2.66840	5.74890	.52632
2.0	4.00	1.41421	4.47214	8.000	1.25992	2.71442	5.84804	.50000
2.1	4.41	1.44914	4.58258	9.261	1.28058	2.75892	5.94392	.47619
2.2	4.84	1.48324	4.69042	10.648	1.30059	2.80204	6.03681	.45455
2.3	5.29	1.51658	4.79583	12.167	1.32001	2.84387	6.12693	.43478
2.4	5.76	1.54919	4.89898	13.824	1.33887	2.88450	6.21447	.41667
2.5	6.25	1.58114	5.00000	15.625	1.35721	2.92402	6.29961	.40000
2.6	6.76	1.61245	5.09902	17.576	1.37507	2.96250	6.38250	.38462
2.7	7.29	1.64317	5.19615	19.683	1.39248	3.00000	6.46330	.37037
2.8	7.84	1.67332	5.29150	21.952	1.40946	3.03659	6.54213	.35714
2.9	8.41	1.70294	5.38516	24.389	1.42604	3.07232	6.61911	.34488
3.0	9.00	1.73205	5.47723	27.000	1.44225	3.10723	6.69433	.33333
3.1	9.61	1.76068	5.56776	29.791	1.45810	3.14138	6.76790	.32258
3.2	10.24	1.78885	5.65685	32.768	1.47361	3.17480	6.83990	.31250
3.3	10.89	1.81659	5.74456	35.937	1.48881	3.20753	6.91042	.30303
3.4	11.56	1.84391	5.83095	39.304	1.50369	3.23961	6.97953	.29412
3.5	12.25	1.87083	5.91608	42.875	1.51829	3.27107	7.04730	.28571
3.6	12.96	1.89737	6.00000	46.656	1.53262	3.30193	7.11379	.27778
3.7	13.69	1.92354	6.08276	50.653	1.54668	3.33222	7.17905	.27027
3.8	14.44	1.94936	6.16441	54.872	1.56049	3.36198	7.24316	.26316
3.9	15.21	1.97484	6.24500	59.319	1.57406	3.39121	7.30614	.25641
4.0	16.00	2.00000	6.32456	64.000	1.58740	3.41995	7.36806	.25000
4.1	16.81	2.02485	6.40313	68.921	1.60052	3.44822	7.42896	.24390
4.2	17.64	2.04939	6.48074	74.088	1.61343	3.47603	7.48887	.23810
4.3	18.49	2.07364	6.55744	79.507	1.62613	3.50340	7.54784	.23256
4.4	19.36	2.09762	6.63325	85.184	1.63864	3.53035	7.60590	.22727
4.5	20.25	2.12132	6.70820	91.125	1.65096	3.55689	7.66309	.22222
4.6	21.16	2.14476	6.78233	97.336	1.66310	3.58305	7.71944	.21739
4.7	22.09	2.16795	6.85565	103.823	1.67507	3.60883	7.77498	.21277
4.8	23.04	2.19089	6.92820	110.592	1.68687	3.63424	7.82974	.20833
4.9	24.01	2.21359	7.00000	117.649	1.69850	3.65931	7.88374	.20403
5.0	25.00	2.23607	7.07107	125.000	1.70998	3.68403	7.93701	.20000
5.1	26.01	2.25832	7.14143	132.651	1.72130	3.70843	7.98957	.19608
5.2	27.04	2.28035	7.21110	140.608	1.73248	3.73251	8.04145	.19231
5.3	28.09	2.30217	7.28011	148.877	1.74351	3.75629	8.09267	.18868
5.4	29.16	2.32379	7.34847	157.464	1.75441	3.77976	8.14325	.18519

n	n^2	$\sqrt{n}$	$\sqrt{10n}$	n^3	$\sqrt[3]{n}$	$\sqrt[3]{10n}$	$\sqrt[3]{100n}$	$1/n$
5.5	30.25	2.34521	7.41620	166.375	1.76517	3.80295	8.19321	.18182
5.6	31.36	2.36643	7.48331	175.616	1.77581	3.82586	8.24257	.17857
5.7	32.49	2.38747	7.54983	185.193	1.78632	3.84850	8.29134	.17544
5.8	33.64	2.40832	7.61577	195.112	1.79670	3.87088	8.33955	.17241
5.9	34.81	2.42899	7.68115	205.379	1.80697	3.89300	8.38721	.16949
6.0	36.00	2.44949	7.74597	216.000	1.81712	3.91487	8.43433	.16667
6.1	37.21	2.46982	7.81025	226.981	1.82716	3.93650	8.48093	.16393
6.2	38.44	2.48998	7.87401	238.328	1.83709	3.95789	8.52702	.16129
6.3	39.69	2.50998	7.93725	250.047	1.84691	3.97906	8.57262	.15873
6.4	40.96	2.52932	8.00000	262.144	1.85664	4.00000	8.61774	.15625
6.5	42.25	2.54951	8.06226	274.625	1.86626	4.02073	8.66239	.15385
6.6	43.56	2.56905	8.12404	287.496	1.87578	4.04124	8.70659	.15152
6.7	44.89	2.58844	8.18535	300.763	1.88520	4.06155	8.75034	.14925
6.8	46.24	2.60768	8.24621	314.432	1.89454	4.08166	8.79366	.14706
6.9	47.61	2.62679	8.30662	328.509	1.90378	4.10157	8.83656	.14493
7.0	49.00	2.64575	8.36660	343.000	1.91293	4.12129	8.87904	.14286
7.1	50.41	2.66458	8.42615	357.911	1.92200	4.14082	8.92112	.14085
7.2	51.84	2.68328	8.48528	373.248	1.93098	4.16017	8.96281	.13889
7.3	53.29	2.70185	8.54400	389.017	1.93988	4.17934	9.00411	.13699
7.4	54.76	2.72029	8.60233	405.224	1.94870	4.19834	9.04504	.13514
7.5	56.25	2.73861	8.66025	421.875	1.95743	4.21716	9.08560	.13333
7.6	57.76	2.75681	8.71780	438.976	1.96610	4.23582	9.12581	.13158
7.7	59.29	2.77489	8.77496	456.533	1.97468	4.25432	9.16566	.12987
7.8	60.84	2.79285	8.83176	474.552	1.98319	4.27266	9.20516	.12821
7.9	62.41	2.81069	8.88819	493.039	1.99163	4.29084	9.24434	.12658
8.0	64.00	2.82843	8.94427	512.000	2.00000	4.30887	9.28318	.12500
8.1	65.61	2.84605	9.00000	531.441	2.00830	4.32675	9.32170	.12346
8.2	67.24	2.86356	9.05539	551.368	2.01653	4.34448	9.35990	.12195
8.3	68.89	2.88097	9.11043	571.787	2.02469	4.36207	9.39780	.12048
8.4	70.56	2.89828	9.16515	592.704	2.03279	4.37952	9.43539	.11905
8.5	72.25	2.91548	9.21954	614.125	2.04083	4.39683	9.47268	.11765
8.6	73.96	2.93258	9.27362	636.056	2.04880	4.41400	9.50969	.11628
8.7	75.69	2.94958	9.32738	658.503	2.05671	4.43105	9.54640	.11494
8.8	77.44	2.96648	9.38083	681.472	2.06456	4.44796	9.58284	.11364
8.9	79.21	2.98329	9.43398	704.969	2.07235	4.46475	9.61900	.11236
9.0	81.00	3.00000	9.48683	729.000	2.08008	4.48140	9.65489	.11111
9.1	82.81	3.01662	9.53939	753.571	2.08776	4.49794	9.69052	.10989
9.2	84.64	3.03315	9.59166	778.688	2.09538	4.51436	9.72589	.10870
9.3	86.49	3.04959	9.64365	804.357	2.10294	4.53065	9.76100	.10753
9.4	88.36	3.06594	9.69536	830.584	2.11045	4.54684	9.79586	.10638
9.5	90.25	3.08212	9.74679	857.375	2.11791	4.56290	9.83048	.10526
9.6	92.16	3.09839	9.79796	884.736	2.12532	4.57886	9.86485	.10417
9.7	94.09	3.11448	9.84886	912.673	2.13267	4.59470	9.89898	.10309
9.8	96.04	3.13050	9.89949	941.192	2.13997	4.61044	9.93288	.10204
9.9	98.01	3.14643	9.94987	970.299	2.14723	4.62607	9.96655	.10101

2. 자연로그

N	0	1	2	3	4	5	6	7	8	9
1.0	0.0000	0100	0193	0296	0392	0488	0583	0677	0770	0862
1.1	0953	1044	1133	1222	1310	1398	1484	1570	1655	1740
1.2	1823	1906	1989	2070	2151	2231	2311	2390	2469	2546
1.3	2624	2700	2776	2852	2927	3001	3075	3148	3221	3293
1.4	3365	3436	3507	3577	3646	3716	3784	3853	3920	3988
1.5	0.4055	4121	4187	4253	4318	4383	4447	4511	4574	4637
1.6	4700	4762	4824	4886	4947	5008	5008	5128	5188	5247
1.7	5306	5365	5423	5481	5539	5596	5653	5710	5766	5822
1.8	5878	5933	5988	6043	6098	6152	6206	6259	6313	6366
1.9	6419	6471	6523	6575	6627	6678	6729	6780	6831	6881
2.0	0.6931	6981	7031	7080	7129	7178	7227	7275	7324	7372
2.1	7419	7467	7514	7561	7608	7655	7701	7747	7793	7839
2.2	7885	7930	7975	8020	8065	8109	8154	8198	8242	8286
2.3	8329	8372	8416	8459	8502	8544	8587	8629	8671	8713
2.4	8755	8796	8838	8879	8920	8961	9002	9042	9083	9120
2.5	0.9163	9203	9243	9282	9322	9361	9400	9439	9478	9517
2.6	9555	9594	9632	9670	9708	9746	9783	9821	9858	9895
2.7	9933	9969	*0006	*0043	*0080	*0116	*0152	*0188	*0225	*0260
2.8	1.0296	0332	0367	0403	0438	0473	0508	0543	0578	0613
2.9	0647	0682	0716	0750	0784	0818	0852	0886	0919	0953
3.0	1.0986	1019	1053	1086	1119	1151	1184	1217	1249	1282
3.1	1314	1346	1378	1410	1442	1474	1506	1537	1569	1600
3.2	1632	1663	1694	1725	1756	1787	1817	1848	1878	1909
3.3	1939	1969	2000	2030	2060	2090	2119	2149	2179	2208
3.4	2238	2267	2296	2326	2355	2384	2413	2442	2470	2499
3.5	1.2528	2556	2585	2613	2641	2669	2698	2726	2754	2782
3.6	2806	2837	2865	2892	2920	2947	2975	3002	3029	3056
3.7	3083	3110	3137	3164	3191	3218	3244	3271	3297	3324
3.8	3350	3376	3403	3429	3455	3481	3507	3533	3558	3584
3.9	3610	3635	3661	3686	3712	3737	3762	3788	3813	3838
4.0	1.3863	3888	3913	3938	3962	3987	4012	4036	4061	4085
4.1	4110	4134	4159	4183	4207	4231	4255	4279	4303	4327
4.2	4351	4375	4398	4422	4446	4469	4493	4516	4540	4563
4.3	4586	4609	4633	4656	4679	4702	4725	4748	4770	4793
4.4	4816	4839	4861	4884	4907	4929	4951	4974	4996	5019
4.5	1.5041	5063	5085	5107	5129	5151	5173	5195	5217	5239
4.6	5261	5282	5304	5326	5347	5369	5390	5412	5433	5454
4.7	5476	5497	5518	5539	5560	5581	5602	5623	5644	5665
4.8	5686	5707	5728	5748	5769	5790	5810	5831	5851	5872
4.9	5892	5913	5933	5953	5974	5994	6014	6034	6054	6074
5.0	1.6094	6114	6134	6154	6174	6194	6214	6233	6253	6273
5.1	6292	6312	6332	6351	6371	6390	6409	6429	6448	6467
5.2	6487	6506	6525	6544	6563	6582	6601	6620	6639	6658
5.3	6677	6696	6715	6734	6752	6771	6790	6808	6827	6845
5.4	6864	6882	6901	6919	6938	6956	6974	6993	7011	7029

N	0	1	2	3	4	5	6	7	8	9
5.5	1.7047	7066	7084	7102	7120	7138	7156	7174	7192	7210
5.6	7228	7246	7263	7281	7299	7317	7334	7352	7370	7387
5.7	7405	7422	7440	7457	7457	7492	7509	7527	7544	7561
5.8	7579	7596	7613	7630	7647	7664	7681	7699	7771	7733
5.9	7750	7766	7783	7800	7817	7834	7851	7867	7884	7901
6.0	1.7918	7934	7951	7967	7984	8001	8017	8034	8050	8066
6.1	8083	8099	8116	8132	8148	8165	8181	8197	8213	8229
6.2	8245	8262	8278	8294	8310	8326	8342	8358	8374	8390
6.3	8405	8421	8437	8453	8469	8485	8500	8516	8532	8547
6.4	8563	8579	8594	8610	8625	8641	8656	8672	8687	8703
6.5	1.8718	8733	8749	8764	8779	8795	8810	8825	8840	8856
6.6	8871	8886	8901	8916	8931	8946	8961	8976	8991	9006
6.7	9021	9036	9051	9066	9081	9095	9110	9125	9140	9155
6.8	9169	9184	9199	9213	9228	9242	9257	9272	9286	9301
6.9	9315	9330	9344	9359	9373	9387	9402	9416	9430	9445
7.0	1.9459	9473	9488	9502	9516	9530	9544	9559	9573	9587
7.1	9601	9615	9629	9643	9657	9671	9685	9699	9713	9727
7.2	9741	9755	9769	9782	9796	9810	9824	9838	9851	9865
7.3	9879	9892	9906	9920	9933	9947	9961	9974	9988	*0001
7.4	2.0015	0028	0042	0055	0069	0082	0096	0109	0122	0136
7.5	2.0149	0162	0176	0189	0202	0215	0229	0242	0255	0268
7.6	0281	0295	0308	0321	0334	0347	0360	0373	0386	0399
7.7	0412	0425	0438	0451	0464	0477	0490	0503	0516	0528
7.8	0541	0554	0567	0580	0592	0605	0618	0631	0643	0656
7.9	0669	0681	0694	0707	0719	0732	0744	0757	0769	0782
8.0	2.0794	0807	0819	0832	0844	0857	0869	0882	0894	0909
8.1	0919	0931	0943	0956	0968	0980	0992	1005	1017	1026
8.2	1041	1054	1066	1078	1090	1102	1114	1126	1138	1150
8.3	1163	1175	1187	1199	1211	1223	1235	1247	1258	1270
8.4	1282	1294	1306	1318	1330	1342	1353	1365	1377	1389
8.5	2.1401	1412	1424	1436	1448	1495	1471	1483	1494	1506
8.6	1518	1529	1541	1552	1564	1576	1587	1599	1610	1622
8.7	1633	1645	1656	1668	1679	1691	1702	1713	1725	1736
8.8	1748	1759	1770	1782	1793	1804	1815	1827	1838	1849
8.9	1861	1872	1883	1894	1905	1917	1928	1939	1950	1961
9.0	2.1972	1983	1994	2006	2017	2028	2039	2050	2061	2072
9.1	2083	2094	2105	2116	2127	2138	2148	2159	2170	2181
9.2	2192	2203	2214	2225	2235	2246	2257	2268	2279	2289
9.3	2300	2311	2322	2332	2343	2354	2364	2375	2386	2396
9.4	2407	2418	2428	2439	2450	2460	2471	2481	2492	2502
9.5	2.2513	2523	2534	2544	2555	2565	2576	2586	2597	2607
9.6	2618	2628	2638	2649	2659	2670	2680	2690	2701	2711
9.7	2721	2732	2742	2752	2762	2773	2783	2793	2803	2814
9.8	2824	2834	2844	2854	2865	2875	2885	2895	2905	2915
9.9	2925	2935	2946	2956	2966	2976	2986	2996	3006	3016

3. 지수함수와 쌍곡선함수

τ	e^x	e^{-x}	$\sinh x$	$\cosh x$	$\tanh x$
0	1.0000	1.0000	.00000	1.0000	.00000
0.1	1.1052	.90484	.10017	1.0050	.09967
0.2	1.2214	.81873	.20134	1.0201	.19738
0.3	1.3499	.74082	.30452	1.0453	.29131
0.4	1.4918	.67032	.41075	1.0811	.37995
0.5	1.6487	.60653	.52110	1.1276	.46212
0.6	1.8222	.54881	.63665	1.1855	.53705
0.7	2.0138	.49659	.75858	1.2552	.60437
0.8	2.2255	.44933	.88811	1.3374	.66404
0.9	2.4596	.40657	1.0265	1.4331	.71630
1.0	2.7183	.36788	1.1752	1.5431	.76159
1.1	3.0042	.33287	1.3356	1.6685	.80050
1.2	3.3201	.30119	1.5095	1.8107	.83365
1.3	3.6693	.27253	1.6984	1.9709	.86172
1.4	4.0552	.24660	1.9043	2.1509	.88535
1.5	4.4817	.22313	2.1293	2.3524	.90515
1.6	4.9530	.20190	2.3756	2.5775	.92167
1.7	5.4739	.18268	2.6456	2.8283	.93541
1.8	6.0496	.16530	2.9422	3.1075	.94681
1.9	6.6859	.14957	3.2682	3.4177	.95624
2.0	7.3891	.13534	3.6269	3.7622	.96403
2.1	8.1662	.12246	4.0219	4.1443	.97045
2.2	9.0250	.11080	4.4571	4.5679	.97574
2.3	9.9742	.10026	4.9370	5.0372	.98010
2.4	11.023	.09072	5.4662	5.5569	.98367
2.5	12.182	.08208	6.0502	6.1323	.98661
2.6	13.464	.07427	6.6947	6.7690	.98903
2.7	14.880	.06721	7.4063	7.4735	.99101
2.8	16.445	.06081	8.1919	8.2527	.99263
2.9	18.174	.05502	9.0596	9.1146	.99396
3.0	20.086	.04979	10.018	10.068	.99505
3.1	22.198	.04505	11.076	11.122	.99595
3.2	24.533	.04076	12.246	12.287	.99668
3.3	27.113	.03688	13.538	13.575	.99728
3.4	29.964	.03337	14.965	14.999	.99777
3.5	33.115	.03020	16.543	16.573	.99818
3.6	36.598	.02732	18.285	18.313	.99851
3.7	40.447	.02472	20.211	20.236	.99878
3.8	44.701	.02237	22.339	22.362	.99900
3.9	49.402	.02024	24.691	24.711	.99918
4.0	54.598	.01832	27.290	27.308	.99933
4.1	60.340	.01657	30.162	30.178	.99945
4.2	66.686	.01500	33.336	33.351	.99955
4.3	73.700	.01357	36.843	36.857	.99963
4.4	81.451	.01228	40.719	40.732	.99970
4.5	90.017	.01111	45.003	45.014	.99975
4.6	99.484	.01005	49.737	49.747	.99980
4.7	109.95	.00910	54.969	54.978	.99983
4.8	121.51	.00823	60.751	60.759	.99986
4.9	134.29	.00745	67.141	67.149	.99989
5.0	148.41	.00674	74.203	74.210	.99991

Deg.	Rad.	Sin	Cos	Tan	Cot		
0	0.0000	0.0000	1.0000	0.0000		1.5708	90
1	0.0175	0.0175	0.9998	0.0175	57.290	1.5533	89
2	0.0349	0.0349	0.9994	0.0349	28.636	1.5359	88
3	0.0524	0.0523	0.9986	0.0524	19.081	1.5184	87
4	0.0698	0.0698	0.9976	0.0699	14.301	1.5010	86
5	0.0873	0.0872	0.9962	0.0875	11.430	1.4935	85
6	0.1047	0.1045	0.9945	0.1051	9.5144	1.4661	84
7	0.1222	0.1219	0.9925	0.1228	8.1443	1.4486	83
8	0.1396	0.1392	0.9903	0.1405	7.1154	1.4312	82
9	0.1571	0.1564	0.9877	0.1584	6.3138	1.4137	81
10	0.1745	0.1736	0.9848	0.1763	5.6713	1.3663	80
11	0.1920	0.1908	0.9816	0.1944	5.1446	1.3788	79
12	0.2094	0.2079	0.9781	0.2126	4.7046	1.3614	78
13	0.2269	0.2250	0.9744	0.2309	4.3315	1.3439	77
14	0.2443	0.2419	0.9703	0.2493	4.0108	1.3265	76
15	0.2618	0.2588	0.9659	0.2679	3.7321	1.3090	75
16	0.2793	0.2756	0.9613	0.2867	3.4874	1.2915	74
17	0.2967	0.2924	0.9563	0.3057	3.2709	1.2741	73
18	0.3142	0.3090	0.9511	0.3249	3.0777	1.2566	72
19	0.3316	0.3256	0.9455	0.3443	2.9042	1.2392	71
20	0.3491	0.3420	0.9397	0.3640	2.7475	1.2217	70
21	0.3665	0.3584	0.9336	0.3839	2.6051	1.2043	69
22	0.3840	0.3746	0.9272	0.4040	2.4751	1.1868	68
23	0.4014	0.3907	0.9205	0.4245	2.3559	1.1694	67
24	0.4189	0.4067	0.9135	0.4452	2.2460	1.1519	66
25	0.4363	0.4226	0.9063	0.4663	2.1445	1.1345	65
26	0.4538	0.4384	0.8988	0.4877	2.0503	1.1170	64
27	0.4712	0.4540	0.8910	0.5095	1.9626	1.0996	63
28	0.4887	0.4695	0.8829	0.5317	1.8807	1.0821	62
29	0.5061	0.4848	0.8746	0.5543	1.8040	1.0547	61
30	0.5236	0.5000	0.8660	0.5774	1.7321	1.0472	60
31	0.5411	0.5150	0.8572	0.6009	1.6643	1.0297	59
32	0.5585	0.5299	0.8480	0.6249	1.6003	1.0123	58
33	0.5760	0.5446	0.8387	0.6494	1.5399	0.9948	57
34	0.5934	0.5592	0.8290	0.6745	1.4826	0.9774	56
35	0.6109	0.5736	0.8192	0.7002	1.4281	0.9599	55
36	0.6283	0.5878	0.8090	0.7265	1.3764	0.9425	54
37	0.6458	0.6018	0.7986	0.7536	1.3270	0.9250	53
38	0.6632	0.6157	0.7880	0.7813	1.2799	0.9706	52
39	0.6807	0.6293	0.7771	0.8098	1.2349	0.8901	51
40	0.6981	0.6428	0.7660	0.8391	1.1918	0.8727	50
41	0.7156	0.6561	0.7547	0.8693	1.1504	0.8552	49
42	0.7330	0.6691	0.7431	0.9004	1.1105	0.8378	48
43	0.7505	0.6820	0.7314	0.9325	1.0724	0.8203	47
44	0.7679	0.6947	0.7193	0.9657	1.0355	0.8029	46
45	0.7854	0.7071	0.7071	1.0000	1.0000	0.7854	45
		Cos	Sin	Cot	Tan	Rad.	Deg.

참고도서

1. 김미자, 임승호, 박미진, 강미자, 이미정, 고영수, 황금비에는 황금이 있다!, 수학사랑, 2001
2. 김용운, 김용국, 수학사의 이해, 도서출판 우성, 1999
3. 김용운 김용국, 수학사대전, 도서출판 우성, 1996
4. 노영순, 김기준, 송형수, 명제와 집합, 교우사, 2001
5. 리처드 만키에비츠 저, 이상원 역, 문명과 수학, 경문사, 2002
6. 박형빈, 수학은 생활이다, 경문사, 2002
7. 브라이언 그린 저, 박병철 역, 엘러컨트 유니버스, 승산, 2003
8. 샌드슨 스미스 저, 황선욱 역, 수학사 가볍게 읽기, 한승, 2002
9. 셔먼 스타인 저, 황우영, 조향감 역, 생활속의 수학. 교우사, 2000
10. 실비아 네이사 저, 신현용, 이종인, 승영조 역, 뷰티플 마인드, 승산, 2002
11. 안재구, 생활에서 수학을 이해하는 책, 일월서각, 1993
12. 안재구, 수학문화사 I 원시에서 고대까지, 일월서각, 2000
13. 안재구, 쉽고 재미있는 수학세계, 일월서각, 1998
14. 애머 액젤 저, 신현용, 승영조 역, 무한의 신비, 승산, 2002
15. 이상기, 집합과 논리, 대구대학교출판부, 1999
16. 이상욱, 고영미, 수학의 이해, 교우사, 2002
17. 이석중, 집합과 논리, 교우사, 2000
18. 이승철, 수학과 현대금융사회, 교우사, 2001
19. 조영수, 강주호, 신현용, 선형대수학과 응용, 경문사, 2005
20. 조영수, 강주호, 박동완, 고등미적분학, 경문사, 2005
21. 최영우, 아름다운 수학생활, 경문사, 2000
22. 폴 호프만 저, 수학사, 신현용 역, 우리 수학자 모두는 약간 미친 겁니다, 승산, 1999
23. Howard Eves 저, 이우영, 신항균 역, 수학사, 경문사, 1998
24. Peter Tannenbaum, Robert Arnold,
    Excursions in Modern Mathematics, Prentice Hall, 1992

■ 저자 소개

· · · 강주호(Ph. D.)
대구대학교 자연과학대학 수학과 교수

· · · 조영수(Ph. D.)
계명대학교 자연과학대학 수학과 교수

생활 數學의 여행

초판발행 · 2004년 2월 25일
개정판발행 · 2006년 2월 28일
2판2쇄 · 2007년 9월 5일
저자 · 강주호 · 조영수
발행인 · 이용두
발행처 · 대구대학교출판부
주소-경북 경산시 진량읍 내리리 15번지
전화-(053)850-5662 팩스-(053)850-5669
인쇄처 · 동아문화사
등록 · 경산 제11호
값 13,000원
ISBN 89-7794-367-1-93410